21 世纪高等学校计算机系列规划教材

Visual FoxPro 程序设计学习与实验指导

周　红　王　民　编著

陈建明　主审

清华大学出版社

北　京

内 容 简 介

本书是《Visual FoxPro 程序设计》一书的配套实验教材。内容涵盖了数据库技术基础、Visual FoxPro 系统初步、Visual FoxPro 语言基础、Visual FoxPro 数据库操作、SQL 语言、查询和视图、表单的设计和应用、菜单的设计、报表的设计和应用程序的创建。每章都包括知识要点、上机实验和习题三部分。其中知识要点部分对每章的教学内容进行了概括和总结；上机实验部分则围绕每章教学内容设计了若干个独立的实验；习题部分则以每章的知识要点为基础，精选了大量的练习题，帮助读者进一步巩固所学内容。

本书内容丰富，概念清楚，实用性强，可作为高等院校 Visual FoxPro 程序设计课程的学习实验指导书，也可作为相关教师和计算机等级考试应试者的上机参考用书。

本书封面贴有清华大学出版社防伪标签，无标签者不得销售。

版权所有，侵权必究。侵权举报电话：010-62782989　13701121933

图书在版编目（CIP）数据

Visual FoxPro 程序设计学习与实验指导/周红，王民编著.—北京：清华大学出版社，2010.1

（21 世纪高等学校计算机系列规划教材）

ISBN 978-7-302-20402-2

Ⅰ．V…　Ⅱ．①周…②王…　Ⅲ．关系数据库－数据库管理系统，Visual FoxPro－程序设计－高等学校－教学参考资料　Ⅳ．TP311.138

中国版本图书馆 CIP 数据核字（2009）第 102144 号

责任编辑：魏江江　顾　冰
责任校对：李建庄
责任印制：杨　艳

出版发行：清华大学出版社　　　　　　　　地　　　址：北京清华大学学研大厦 A 座
　　　　　http://www.tup.com.cn　　　　邮　　　编：100084
　　　　　社　总　机：010-62770175　　邮　　　购：010-62786544
　　　　　投稿与读者服务：010-62776969，c-service@tup.tsinghua.edu.cn
　　　　　质 量 反 馈：010-62772015，zhiliang@tup.tsinghua.edu.cn

印 装 者：北京国马印刷厂
经　　销：全国新华书店
开　　本：185×260　印　张：14　字　数：333 千字
版　　次：2010 年 1 月第 1 版　　印　　次：2010 年 1 月第 1 次印刷
印　　数：1～3000
定　　价：19.00 元

本书如存在文字不清、漏印、缺页、倒页、脱页等印装质量问题，请与清华大学出版社出版部联系调换。联系电话：(010)62770177 转 3103　　产品编号：028114-01

编审委员会成员

浙江大学	吴朝晖	教授
	李善平	教授
扬州大学	李　云	教授
南京大学	骆　斌	教授
	黄　强	副教授
南京航空航天大学	黄志球	教授
	秦小麟	教授
南京理工大学	张功萱	教授
南京邮电学院	朱秀昌	教授
苏州大学	王宜怀	教授
	陈建明	副教授
江苏大学	鲍可进	教授
武汉大学	何炎祥	教授
华中科技大学	刘乐善	教授
中南财经政法大学	刘腾红	教授
华中师范大学	叶俊民	教授
	郑世珏	教授
	陈　利	教授
国防科技大学	赵克佳	教授
中南大学	刘卫国	教授
湖南大学	林亚平	教授
	邹北骥	教授
西安交通大学	沈钧毅	教授
	齐　勇	教授
长安大学	巨永峰	教授
哈尔滨工业大学	郭茂祖	教授
吉林大学	徐一平	教授
	毕　强	教授
山东大学	孟祥旭	教授
	郝兴伟	教授
中山大学	潘小轰	教授
厦门大学	冯少荣	教授
仰恩大学	张思民	教授
云南大学	刘惟一	教授
电子科技大学	刘乃琦	教授
	罗　蕾	教授
成都理工大学	蔡　淮	教授
	于　春	讲师
西南交通大学	曾华燊	教授

出 版 说 明

随着我国改革开放的进一步深化,高等教育也得到了快速发展,各地高校紧密结合地方经济建设发展需要,科学运用市场调节机制,加大了使用信息科学等现代科学技术提升、改造传统学科专业的投入力度,通过教育改革合理调整和配置了教育资源,优化了传统学科专业,积极为地方经济建设输送人才,为我国经济社会的快速、健康和可持续发展以及高等教育自身的改革发展做出了巨大贡献。但是,高等教育质量还需要进一步提高以适应经济社会发展的需要,不少高校的专业设置和结构不尽合理,教师队伍整体素质亟待提高,人才培养模式、教学内容和方法需要进一步转变,学生的实践能力和创新精神亟待加强。

教育部一直十分重视高等教育质量工作。2007 年 1 月,教育部下发了《关于实施高等学校本科教学质量与教学改革工程的意见》,计划实施"高等学校本科教学质量与教学改革工程(简称'质量工程')",通过专业结构调整、课程教材建设、实践教学改革、教学团队建设等多项内容,进一步深化高等学校教学改革,提高人才培养的能力和水平,更好地满足经济社会发展对高素质人才的需要。在贯彻和落实教育部"质量工程"的过程中,各地高校发挥师资力量强、办学经验丰富、教学资源充裕等优势,对其特色专业及特色课程(群)加以规划、整理和总结,更新教学内容、改革课程体系,建设了一大批内容新、体系新、方法新、手段新的特色课程。在此基础上,经教育部相关教学指导委员会专家的指导和建议,清华大学出版社在多个领域精选各高校的特色课程,分别规划出版系列教材,以配合"质量工程"的实施,满足各高校教学质量和教学改革的需要。

本系列教材立足于计算机公共课程领域,以公共基础课为主、专业基础课为辅,横向满足高校多层次教学的需要。在规划过程中体现了如下一些基本原则和特点。

(1)面向多层次、多学科专业,强调计算机在各专业中的应用。教材内容坚持基本理论适度,反映各层次对基本理论和原理的需求,同时加强实践和应用环节。

(2)反映教学需要,促进教学发展。教材要适应多样化的教学需要,正确把握教学内容和课程体系的改革方向,在选择教材内容和编写体系时注意体现素质教育、创新能力与实践能力的培养,为学生的知识、能力、素质协调发展创造条件。

(3)实施精品战略,突出重点,保证质量。规划教材把重点放在公共基础课和专业基础课的教材建设上;特别注意选择并安排一部分原来基础比较好的优秀教材或讲义修订再版,逐步形成精品教材;提倡并鼓励编写体现教学质量和教学改革成果的教材。

IV

（4）主张一纲多本，合理配套。基础课和专业基础课教材配套，同一门课程可以有针对不同层次、面向不同专业的多本具有各自内容特点的教材。处理好教材统一性与多样化，基本教材与辅助教材、教学参考书，文字教材与软件教材的关系，实现教材系列资源配套。

（5）依靠专家，择优选用。在制定教材规划时依靠各课程专家在调查研究本课程教材建设现状的基础上提出规划选题。在落实主编人选时，要引入竞争机制，通过申报、评审确定主题。书稿完成后要认真实行审稿程序，确保出书质量。

繁荣教材出版事业，提高教材质量的关键是教师。建立一支高水平教材编写梯队才能保证教材的编写质量和建设力度，希望有志于教材建设的教师能够加入到我们的编写队伍中来。

21 世纪高等学校计算机系列规划教材

联系人：魏江江 weijj@tup.tsinghua.edu.cn

前　言

　　数据库技术已经渗透到我们生活和工作的方方面面,能否熟练掌握数据库技术的基本原理和基本操作,已经成为衡量 21 世纪大学生基本素质的标准之一。Visual FoxPro以其可视化的操作界面、简洁的语句、强大的功能以及易学易用的特点,正受到越来越多的计算机专业和非计算机专业人士的青睐,成为目前广泛使用的一种通用数据库管理软件。我们结合多年的教学经验,紧扣教材和考试大纲编写了本书。

　　本书具有以下特点:

　　1. 条理清晰,循序渐进,强调实用性和可操作性,注重应用能力的培养。本书共有 10章,内容丰富,覆盖面广,每章都涵盖知识要点、上机实验和习题三部分。首先在知识点部分对教学内容进行概括和总结;然后通过大量的实验范例,加深对基础知识和基本概念的理解;最后通过大量的习题巩固所学知识。

　　2. 实验内容实用性强。全书精心设计了 22 个实验,包括 Visual FoxPro 集成环境的熟悉与使用、项目管理器的基本操作、常量、变量、表达式和函数、程序控制和程序设计基础、多模块程序设计、数据库及数据库表的建立、数据库表记录的查看与维护、数据库表的排序和索引、数据库表之间的永久关联及参照完整性、表的转换及表间操作、SQL 的查询命令、SQL 的数据定义与数据修改命令、数据查询、视图、表单设计基础、表单控件的应用、表单综合应用、菜单设计、报表设计和学生成绩管理系统开发实例。所有实验都给出了详细的操作步骤,便于读者自学。

　　3. 习题题型多样,与教材内容互为补充。为了帮助读者巩固所学知识,每章都附有一定数量的单选题、填空题和操作题。所有习题均配有参考答案,以便读者自行检查对知识的掌握程度。本书最后参照全国计算机等级考试的笔试和上机考试模式,提供了 2 套笔试模拟试题和 2 套上机模拟试题,希望对读者参加该项考试能有所帮助。

　　本书由周红、王民主编,陈建明审阅了全书并提出了许多宝贵的意见和建议,在此表示衷心的感谢。本书在编写过程中得到了徐进华、翟洁、章建民、蒋银珍、何艳雯、彭佩兰等的大力帮助,在此一并表示感谢。

　　由于编者水平有限,书中难免有错误与不妥之处,恳请广大读者批评指正。

编　者

E-mail: zhouhong@suda.edu.cn

2009 年 11 月

目 录

第1章 数据库技术基础

1.1 知识要点

1. 数据库基础知识

1) 数据管理技术的发展

随着计算机软硬件技术的高速发展,数据管理技术的发展经历了以下3个阶段。

(1) 人工管理阶段。本阶段数据管理的特点是:

① 数据不能存储;

② 软件上没有操作系统实现对数据进行统一的管理;

③ 数据无法共享,存在冗余;

④ 数据与应用程序组织在一起,数据独立性较差。

(2) 文件管理阶段。本阶段数据管理的特点是:

① 数据以独立文件方式长期存储在外存储器上,可以随时访问;

② 数据和应用程序各以文件形式存放,数据和应用程序之间相对独立;

③ 数据具有一定的共享性,减少了数据的冗余。

(3) 数据库阶段。本阶段数据管理的特点是:

① 采用数据模型表示数据结构,实现整体数据的结构化;

② 数据与应用程序之间具有较高的独立性;

③ 数据的共享性高、冗余度低,较好地避免了数据的不一致性;

④ 数据由数据库管理系统(DBMS)统一进行管理,使数据的共享性、一致性提高,冗余度降低,系统的可扩充性增强。

2) 数据库系统的组成

数据库系统由软件、硬件以及设计、管理和使用人员3部分组成。

(1) 软件:包括操作系统、数据库、数据库管理系统和其他支撑软件。

(2) 硬件:要求计算机硬件系统要具有足够大的内存和外存空间,较高的运算速度和较强的通信能力。

(3) 相关人员:主要包括系统分析员、数据库管理员、应用程序员和最终用户。

3) 数据模型

数据模型是数据库管理系统用来表示实体和实体之间联系的方法。数据库的数据模型包含数据结构、数据操作和完整性约束3个部分。数据结构是实体与实体之间联系的表示和实现。数据操作是数据库的查询和更新操作的实现。数据完整性约束是数据及其联系应具有的制约和依赖规则。

数据库管理系统所支持的传统的数据模型分为层次、网状、关系模型 3 种。

（1）层次模型：这种模型用树型结构表示实体及其之间的联系。树中的结点表示实体集，树中的连线表示实体集之间的联系。

（2）网状模型：这种模型采用网络（有向图）结构表示实体及实体之间的联系。

（3）关系模型：这种模型以关系数学为其理论基础，采用二维表结构来表示实体以及实体之间的联系。由于人们比较熟悉二维表形式，关系数学又具有系统严谨的理论，应用起来也非常方便，故该模型得到了广泛的应用。

2．关系数据库

1）关系模型

一个关系的逻辑结构就是一张二维表。这种用二维表的形式表示实体和实体间联系的数据模型称为关系模型。关系就是同类型元组的集合。

（1）元组：二维表中水平方向的行称为元组，一个元组对应于表文件中的一条记录。

（2）属性：二维表中垂直方向的列称为属性，每一列都有唯一的属性名。

（3）域：是属性的取值范围。

（4）关键字：属性或属性的组合，其值可唯一地标识一个元组。有超关键字、主关键字、候选关键字和外部关键字等。

（5）联系：两个实体集之间的联系可分为 3 类：一对一、一对多、多对多。

2）关系运算

（1）传统的集合运算有：并、交、差、笛卡儿乘积。

（2）特殊的集合运算有：选择、投影、联接、自然联接。

3．关系数据库设计基础

1）数据库设计原则

（1）数据库表的设计应遵循概念单一化原则，将较为复杂的表分解为单个主题的若干个简单的表。

（2）数据表中不应出现与其他表重复的字段，除了为建立表之间联系而必须有的外部关键字之外。

（3）表中的字段应该是不可分解的原始数据。尽量避免出现由已有其他字段计算得出结果的字段。

（4）保证相应数据表之间能够用外部关键字建立联系。

2）数据库设计过程

（1）需求分析与数据分析。

（2）确定需要的数据表。

（3）确定各表的字段。

（4）确定表之间的联系。

（5）分析设计、改进求精。

1.2 习　　题

1. 选择题

(1) 数据管理发展的 3 个阶段是_____。

A. 人工管理阶段、文件管理阶段和数据库管理阶段

B. 层次模型阶段、网络模型阶段和关系模型阶段

C. PC 数据库阶段、小型机数据库阶段和大型机数据库阶段

D. dBASE 数据库阶段、FoxBase 数据库阶段和 FoxPro 数据库阶段

(2) 关系模型是用二维表的结构形式来表示_____。

A. 实体 　　　　　　　　　　　　 B. 实体间的联系

C. 实体及其实体间的联系 　　　　 D. 记录和字段

(3) 二维表的主关键字应从它的_____类型关键字中选出。

A. 超关键字 　　　　　　　　　　 B. 候选关键字

C. 外部关键字 　　　　　　　　　 D. 合成关键字

(4) 超关键字所包含的字段数是_____候选关键字所包含的字段数。

A. 大于或等于 　　　　　　　　　 B. 大于

C. 等于 　　　　　　　　　　　　 D. 小于

(5) 对于二维表的"外部关键字"的描述正确的是_____。

A. 每张二维表必含有外部关键字

B. 一张二维表的外部关键字必定是另一张二维表的主关键字

C. 外部关键字必定由"单一关键字"构成

D. 外部关键字必定由"合成关键字"构成

(6) 目前 3 种基本的数据模型是_____。

A. 层次模型、网络模型和关系模型

B. 网络模型、关系模型和对象模型

C. 网络模型、关系模型和对象关系模型

D. 层次模型、关系模型和对象模型

(7) 在关系模型中,两个实体集之间的联系可分为 3 类,以下不属于 3 类关系的是_____。

A. 一对一 　　　　　　　　　　　 B. 一对多

C. 多对多 　　　　　　　　　　　 D. 多对一

(8) 对于二维表的关键字来说,不一定存在的是_____。

A. 超关键字 　　　　　　　　　　 B. 候选关键字

C. 主关键字 　　　　　　　　　　 D. 外部关键字

(9) 信息的 3 个领域是_____。

A. 现实世界、观念世界和数据世界 　　B. 事物、对象和性质

C. 实体、对象和属性　　　　　　　　D. 数据、记录和字段

（10）二维表的结构取决于＿＿＿＿＿＿＿＿。

A. 字段的个数、名称、类型和长度　　B. 记录的个数、顺序

C. 字段的个数、顺序　　　　　　　　D. 记录和字段的个数、顺序

2. 填空题

（1）数据处理是对各种类型的数据进行＿＿＿＿＿＿＿＿、＿＿＿＿＿＿＿＿、分类、计算、加工、检索和传输的过程。

（2）在信息的 3 个领域中，数据世界是以数据的形式表示观念世界中的信息的，在数据世界中，可以用＿＿＿＿＿＿＿＿来描述观念世界中的实体，用＿＿＿＿＿＿＿＿来描述观念世界中实体的属性。

（3）数据库一般要求有最小的冗余度，是指数据尽可能＿＿＿＿＿＿＿＿。数据库的资源＿＿＿＿＿＿＿＿性，是指数据库以最优的方式服务于一个或多个应用程序；数据库的数据＿＿＿＿＿＿＿＿性，是指数据的存储尽可能独立于使用它的应用程序。

（4）在二维表中，它的列称为＿＿＿＿＿＿＿＿，它的行称为＿＿＿＿＿＿＿＿。

（5）在数据库系统中，关系模型的基本结构是一张＿＿＿＿＿＿＿＿。

（6）按所用的数据模型来分，Visual FoxPro 属于＿＿＿＿＿＿＿＿数据库管理系统。

（7）在二维表中，一个属性的取值范围叫做一个＿＿＿＿＿＿＿＿。

（8）从二维表的候选关键字中，选出一个可作为＿＿＿＿＿＿＿＿。

（9）一个表的主关键字被包含到另一个表中时，在另一个表中称这些字段为＿＿＿＿＿＿＿＿。

（10）设有班级和学生两个实体，每个学生只能属于一个班级，一个班级可以有多个学生，则班级与学生实体之间的联系类型是＿＿＿＿＿＿＿＿联系。

第 2 章 Visual FoxPro 系统初步

2.1 知识要点

1. Visual FoxPro 的性能指标

Visual FoxPro 6.0 中文版的性能指标如下,有些性能指标可能受到可用内存的限制。

1) 表文件及索引文件
- 每个表文件可容纳的记录数 10 亿条;
- 每个表文件的最大字节数 2G 字节;
- 每个记录可包含的字节数 65 500 字节;
- 每个记录可包含的字段个数 255 个;
- 可以同时打开的表数目 225 个。

2) 字段的特征
- 字符字段的最大宽度 254 个字节;
- 数值型(以及浮点型)字段的最大宽度 20 位;
- 自由表中各字段名的最大长度 10 个字符;
- 数据库表中各字段名的最大长度 128 个字符;
- 数值计算中的精度位数 16 位。

3) 内存变量与数组
- 默认的内存变量个数 1024 个;
- 内存变量的最大个数 65 000 个;
- 数组的最大个数 65 000 个;
- 每个数组中元素的最大个数 65 000 个。

4) 程序和过程文件
- 源程序文件的最大行数没有限制;
- 每个程序行最大字符数 8192 字节;
- 编译后的程序模块的最大字节数 64KB;
- 每个文件包含的最多过程数没有限制;

- DO 命令的最大嵌套层数 128 层；
- READ 命令最大嵌套层数 5 层；
- 传递参数的最大个数 27 个；
- 事务处理的最大个数 5 个。

5) 报表设计器容量

- 报表定义的最大长度 20 英寸；
- 报表的每个标签控件中字符数的最大值 252 个；
- 分组的最大层次数 128 层。

6) 其他

- 可打开浏览窗口最大个数 255 个；
- 可同时打开的文件个数只受 OS 的限制；
- SQL-SELECE 语句可以选择的字段数的最大值 255 个。

2. Visual FoxPro 的常用文件类型

Visual FoxPro 系统的文件类型较多，表 2-1 列出了一些常用的文件类型。

表 2-1　常用文件类型

文 件 类 型	扩 展 名	说　　明
项目文件	pjx	项目
	pjt	项目备注
数据库文件	dbc	数据库
	dct	数据库备注
	dcx	数据库索引
数据表文件	dbf	表
	fpt	表备注
索引文件	idx	单索引
	cdx	复合索引
程序文件	prg	程序
	fxp	编译后的程序
查询文件	qpr	生成的查询程序
	qpx	编译后的查询程序
表单文件	scx	表单
	sct	表单备注
菜单文件	mnx	菜单
	mnt	菜单备注
	mpr	生成的菜单程序
	mpx	编译后的菜单程序
报表文件	frx	报表
	frt	报表备注
标签文件	lbx	标签
	lbt	标签备注

文 件 类 型	扩 展 名	说 明
应用程序文件	app	生成的应用程序
可执行文件	exe	可执行程序
内存变量文件	mem	保存内存变量
格式文件	fmt	屏幕的输出格式
类库文件	vcx	可视类库
	vct	可视类库备注

3. Visual FoxPro 的用户界面

Visual FoxPro 6.0 的系统主窗口由标题栏、菜单栏、工具栏、命令窗口、工作区(结果显示区)和状态栏组成。

(1) 菜单栏：Visual FoxPro 菜单系统是一个动态的菜单系统。当单击其中任一菜单选项时，就可以打开一个对应的下拉式菜单，在该下拉式菜单下，通常还包含若干子菜单选项，当单击其中一个子菜单选项时，就可以执行一个操作。

(2) 工具栏：工具栏包含了用以完成一般操作的按钮，每一个按钮对应一条命令，通过操作按钮用户可方便、快速地完成那些经常性的操作。系统提供了 10 多个工具栏。用户可以打开、显示、隐蔽、新建、删除和定制工具栏。

(3) 主工作区：主工作区是指 Visual FoxPro 窗口中的空白区域，用于显示输出结果。

(4) 命令窗口：命令窗口是 Visual FoxPro 系统执行和编辑命令的场所。在命令窗口中，可以直接键入各条命令，实现对数据库的操作管理，也可以用各种编辑工具对操作命令进行修改、插入、删除、剪切、复制、粘贴等操作。

(5) 状态栏：状态栏用于显示当前时刻管理的数据的工作状态。

4. 项目管理器

1) 项目管理器的结构

项目管理器是开发应用系统的控制中心，它对应用系统中的各种数据和程序按一定的逻辑关系进行有效的、可视化的组织和管理。项目文件的扩展名为 .pjx。

项目管理器主要由选项卡、命令按钮两大部分组成。

- "数据"选项卡：包含了一个项目中的所有数据库、自由表、查询和视图。
- "文档"选项卡：包含了处理数据时所用的三类文件，表单、报表和标签。
- "类"选项卡：使用 Visual FoxPro 的基类可以创建一个能实现特殊功能的类。
- "代码"选项卡：包括扩展名为 .prg 的程序文件、函数库 API(Application Programming Interface,应用编程接口)和应用程序(.app 文件)3 类。
- "其他"选项卡：包括文本文件、菜单文件和其他文件。
- "全部"选项卡：是一个包含以上各类文件的集中显示窗口。

项目管理器的右侧有 6 个按钮：新建、添加、修改、运行、移去和连编。利用这些按钮可以实现数据和文档的创建、增加、修改、删减、浏览等操作。

2）项目管理器的操作

（1）查看文件：项目管理器按层次结构组织各类文件。单击某项目中的⊞号可展开项目中所包含的内容，左边的⊞号变□号，再单击选项左边的□号，又可以折叠已展开的列表。

（2）创建文件：通过项目管理器可以创建一个新的文件。

（3）添加文件：在项目管理器中可以把一个已经存在的文件添加到项目文件中。

（4）修改文件：在项目管理器中可以修改指定的文件。

（5）移去文件：可以从项目管理器中移去指定的文件。

（6）为文件添加说明：为文件添加说明，可以使用户更方便地了解文件的信息。

3）项目管理器的定制

在 Visual FoxPro 中，用户可以根据需要改变项目管理器窗口的外观，以方便操作。比如可以调整它的大小、位置，折叠或拆分项目管理器窗口或者使项目管理器中的选项卡永远浮在其他窗口之上等。

5．Visual FoxPro 的辅助工具

（1）向导是一种交互式程序，用户通过向导提供的一组对话框选择或回答问题，可快速完成某项任务。如创建表、创建表单、设置报表格式、建立查询、建立视图等。

（2）Visual FoxPro 系统的大部分工作是通过设计器来完成的，它主要用来帮助用户创建表、数据库、表单、报表、查询等文件。利用 Visual FoxPro 6.0 提供的这十多种功能不同的设计器，用户创建表、表单、数据库、报表、查询以及管理数据将变得非常简单、快捷。

（3）生成器主要用来帮助用户按要求设计各种类型的控件，如命令按钮组、列表框和编辑框等。

下面是本章的上机实验。

2.2　实验 2-1　熟悉 Visual FoxPro 的集成环境

【实验目的】

（1）掌握 Visual FoxPro 系统的启动与退出操作。

（2）熟悉 Visual FoxPro 的集成操作环境。

（3）掌握工具栏、命令窗口打开与关闭的方法。

（4）掌握 Visual FoxPro 选项的设置。

【实验内容及步骤】

1．启动 Visual FoxPro

可用如下两种方式启动 Visual FoxPro。

（1）双击桌面上的 Visual FoxPro 快捷图标🦊，以快捷方式启动 Visual FoxPro。

（2）单击 Windows 屏幕左下角的"开始"按钮，移动光标至"所有程序"选项，在"所有程序"子菜单中选择 Microsoft Visual FoxPro 6.0 命令，单击 [Microsoft Visual FoxPro 6.0] 图标即可启动 Visual FoxPro。

启动后，出现 Visual FoxPro 的主界面，如图 2-1 所示。

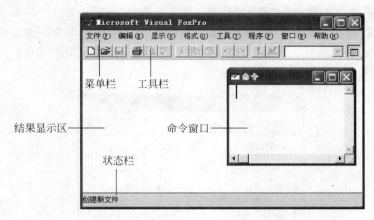

图 2-1　Visual FoxPro 主界面

2. 退出 Visual FoxPro

可选择如下五种方法之一退出 Visual FoxPro。

（1）单击主窗口右上角的关闭按钮 ✕ 。

（2）在命令窗口中输入 QUIT 命令。

（3）按 Alt＋F4 组合键。

（4）单击"文件"菜单下的"退出"选项。

（5）单击主窗口左上角的 ✿ 图标，在弹出的控制菜单中单击"关闭"选项。

3. "命令"窗口

1）隐藏"命令"窗口

可选择如下 3 种方法之一。

（1）单击"命令"窗口右上角的"关闭"按钮。

（2）单击系统菜单栏中的"窗口"菜单下的"隐藏"选项。

（3）按 Ctrl＋F4 组合键。

2）显示"命令"窗口

（1）单击系统菜单栏中的"窗口"菜单下的"命令窗口"选项。

（2）按 Ctrl＋F2 组合键。

3）利用工具栏

利用常用工具栏上的"命令"窗口按钮 ▦ 可实现打开/关闭命令窗口的切换。

4. 自定义工具栏

对于经常使用的功能，通过工具栏按钮调用比通过菜单调用要方便快捷得多，Visual

FoxPro 6.0 除了常用工具栏外,还提供了 10 个其他工具栏。工具栏会随着某一种类型的文件打开而自动打开,也可以在任何时候显示或隐藏工具栏。

1) 显示或隐藏工具栏

可选择如下两种方法之一。

(1) 单击系统菜单栏中的"显示"菜单下的"工具栏"选项,在弹出的图 2-2 所示的对话框中选定想打开的工具栏名称,单击"确定"按钮,该工具栏就会显示在主窗口中。若工具栏名称前的复选框中有一个"×",表示该工具栏已打开,再次单击工具栏,"×"消失,则该工具栏被关闭。

图 2-2 "工具栏"对话框

(2) 右击主窗口工具栏的任一空白处,弹出图 2-3 所示的快捷菜单,单击所需工具栏,该工具栏就会显示在主窗口中。若工具栏名称前有一个"√",表示该工具栏已打开,再次单击"√"消失,则该工具栏被关闭。

2) 创建自己的工具栏

操作步骤如下:

① 单击"显示"菜单下的"工具栏"选项,打开图 2-2 所示的对话框。

② 单击"新建"按钮,弹出"新工具栏"对话框,如图 2-4 所示。

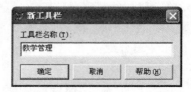

图 2-3 "工具栏"快捷菜单　　　　图 2-4 "新工具栏"对话框

③ 在"工具栏名称"中输入"教学管理",单击"确定"按钮,弹出"定制工具栏"对话框,如图 2-5 所示,在主窗口上同时出现一个空的"教学管理"工具栏。

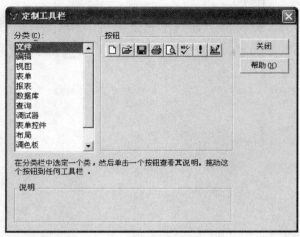

图 2-5　"定制工具栏"对话框

④ 根据需要在"定制工具栏"对话框中选定相应的按钮并将其拖动到"教学管理"工具栏上,创建如图 2-6 所示的"教学管理"工具栏。

⑤ 单击"定制工具栏"对话框的"关闭"按钮,完成工具栏的创建。

3) 修改工具栏

图 2-6　"教学管理"工具栏

操作步骤如下:

① 单击"显示"菜单下的"工具栏"选项,弹出如图 2-2 所示的"工具栏"对话框。

② 在"工具栏"对话框中选中需要修改的"教学管理"工具栏(使该工具栏前的复选框中有一个"×"),然后单击"定制"按钮。

③ 从"定制工具栏"对话框向"教学管理"工具栏上拖放新的按钮可以增加新工具栏上的按钮,从"教学管理"工具栏上用鼠标直接将按钮拖放到工具栏之外可以删除该工具按钮。

④ 修改完毕,单击"定制工具栏"对话框的"关闭"按钮,完成修改。

5. 设置工作环境

设置 Visual FoxPro 的工作环境可以通过 SET 命令也可以通过"选项"对话框完成。

下面介绍如何通过"选项"对话框完成设置,具体操作步骤如下:

1) 打开"选项"对话框

在 Visual FoxPro 主菜单中,选择"工具"→"选项"菜单选项,打开"选项"对话框,如图 2-7 所示。

"选项"对话框中有"显示"、"常规"、"数据"、"文件位置"、"表单"、"区域"等十几个选项卡,通过这些选项卡可对 Visual FoxPro 的运行环境进行不同参数的设置。

Visual FoxPro 系统初步

在图 2-7 中的"显示"选项卡中,可通过选中复选框对 Visual FoxPro 的界面显示信息
进行设置。

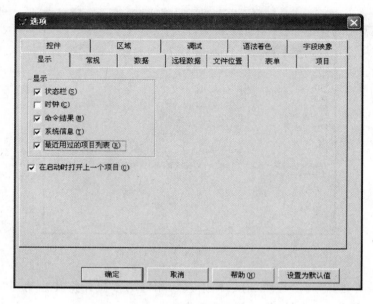

图 2-7 "选项"对话框

2) 设置日期时间格式和货币符号

① 在"选项"对话框中打开"区域"选项卡,如图 2-8 所示。

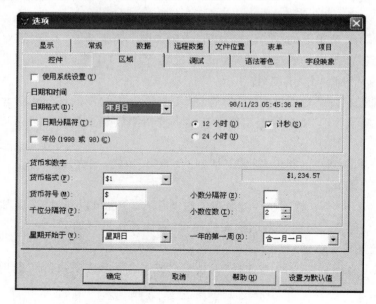

图 2-8 "区域"选项卡

② 在"日期格式"下拉列表框中选择"年月日"选项,则日期就变为年月日格式。

③ 在"货币符号"文本框中输入"￥"符号,就显示为人民币符号。输入"￥"的方法是在中文输入方式下,按 Shift＋＄键。

3) 设置"语法着色"

在"选项"对话框中打开"语法着色"选项卡。

① 在"区域"下拉列表框中选择"注释"选项,在"字体"下拉列表框中选择"自动"选项,在"前景"下拉列表框中选择"绿色"选项,在"背景"下拉列表框中选择"自动"选项。

② 上述设置完成后,程序中的注释语句则采用绿色显示。此外还可分别对关键字、文字等进行设置,如关键字为蓝色,文字为默认黑色等,如图 2-9 所示。

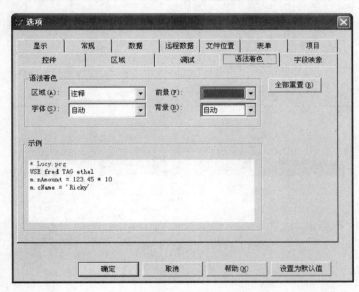

图 2-9 "语法着色"选项卡

4) 设置"文件位置"选项

如果设置了文件位置,则用户所有操作的文件均保存在指定的文件位置。否则,保存在 Visual FoxPro 默认的文件夹下,管理起来十分不便。建议先在 E 盘下建立一个自己的文件夹(如 E:\USER),将文件位置指定为该文件夹。

设置文件位置的操作步骤如下:

① 在"选项"对话框中打开"文件位置"选项卡。

② 在"文件位置"选项卡中,选择"默认目录"选项,如图 2-10 所示。

③ 单击"文件位置"选项卡中的"修改"按钮,弹出"更改文件位置"对话框,选中"使用默认目录"复选框,如图 2-11 所示。

④ 单击浏览按钮 ⋯ ,弹出"选择目录"对话框,如图 2-12 所示。

⑤ 在"选择目录"对话框中,先选中驱动器号,再选中默认目录(如 E:\USER),然后单击"选定"按钮。

⑥ 单击"确定"按钮,返回"选项"对话框。

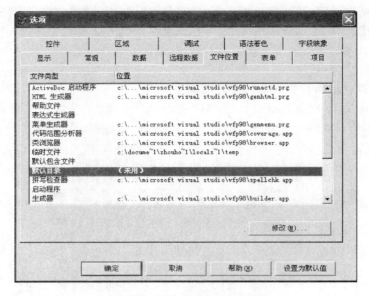

图 2-10 "文件位置"选项卡

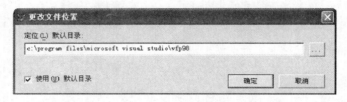

图 2-11 "更改文件位置"对话框

图 2-12 "选择目录"对话框

⑦ 再单击"确定"按钮,则设定了文件的默认保存位置。

5) 将选定的参数设置为默认值

以上所做的修改仅在本次系统运行期间有效,退出 Visual FoxPro 系统后,所作的修改将丢失。若想永久保存设置,则在当前设置完成之后,单击"选项"对话框中的"设置为默认值"按钮,再单击"确定"按钮,关闭"选项"对话框,系统将把它们存储在 Windows 注册表中。所做的更改在以后每次启动 Visual FoxPro 时继续有效。

2.3 实验 2-2 项目管理器的基本操作

【实验目的】

(1) 掌握如何创建一个新项目。

(2) 掌握项目管理器的基本操作。

【实验内容及步骤】

实验准备:

① 下载"vfp 实验素材"到 E 盘并解压缩。

② 在 Visual FoxPro 命令窗口输入命令:SET DEFAULT TO E:\vfp 实验素材\实验 2-2,即设置当前工作目录为 E:\vfp 实验素材\实验 2-2。

1. 创建一个新项目

建立"教学管理系统"项目文件。操作步骤如下:

① 选择"文件"→"新建"选项,在弹出的"新建"对话框中选定文件类型为"项目"。

② 单击"新建文件"按钮,弹出"创建"对话框,如图 2-13 所示。系统默认保存位置为当前工作目录 E:\vfp 实验素材\实验 2-2,在"项目文件"文本框中输入"教学管理系统"(默认值为"项目 1"),在"保存类型"文本框中选择"项目(* .pjx)",以上 3 个参数都设置完后,单击"保存"按钮。

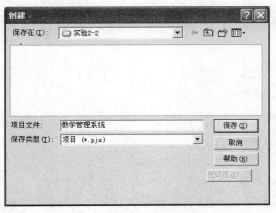

图 2-13 "创建"对话框

③ 保存"教学管理系统"项目后,随即弹出"项目管理器"窗口,如图 2-14 所示。

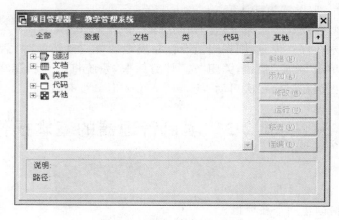

图 2-14 "项目管理器"窗口

这样就创建好了"教学管理系统"项目文件。此时可以在 E:\vfp 实验素材\实验 2-2 文件夹中看到新增加的"教学管理系统.pjx"(项目文件)和"教学管理系统.pjt"(项目备注文件)两个文件。

2. 关闭项目

单击项目管理器右上角的"关闭"按钮,在弹出的图 2-15 所示的提示对话框中单击"保持"按钮保存该空项目文件,后面的操作还要使用它。

图 2-15 删除项目提示对话框

3. 打开项目管理器

1) 使用命令

在"命令"窗口中输入:

MODIFY PROJECT 教学管理系统

若未输入项目文件名则弹出"打开"对话框,请用户自己选择一个已有的项目文件,或输入一个新的待创建的项目文件名。

2) 利用菜单

① 选择"文件"→"打开"选项。

② 在"打开"对话框中,选定或直接输入项目文件名"教学管理系统"。

③ 单击"确定"按钮。

3）利用"我的电脑"或"资源管理器"打开

在"我的电脑"或"资源管理器"窗口中直接双击需要打开的项目文件。

4. 定制项目管理器

1）项目管理器的折叠

项目管理器的右上角有一个带向上箭头的"折叠"按钮。单击这一按钮可隐去全部选项卡,只剩下项目管理器和选项卡的标题,如图 2-16 所示。与此同时,折叠按钮上的向上箭头也改为向下,变成了"恢复"按钮,单击它将使项目管理器恢复原样。

图 2-16　折叠后的项目管理器

2）项目管理器的分离

当项目管理器处于折叠状态时,用鼠标拖动任何一个选项卡的标题,都可使该选项卡与项目管理器分离,如图 2-17 所示。分离后的选项卡可以像一个独立的窗口在 Visual FoxPro 主窗口中移动。单击分离选项卡的"关闭"按钮,即可使该选项卡恢复原位。

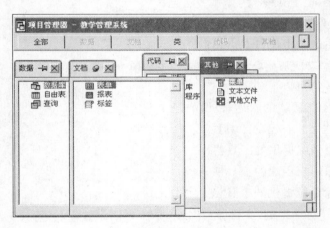

图 2-17　浮动选项卡

3）停放项目管理器

将项目管理器拖到 Visual FoxPro 主窗口的顶部,使其变成工具栏的一部分,此刻将不能展开项目管理器,但是可以单击每个选项卡来进行相应的操作。拖动项目管理器的边缘位置,可将项目管理器拖离工具栏。

5. 项目的操作

打开"教学管理系统"项目文件。

单击项目管理器窗口中的各个选项卡,了解各个选项卡包含的文件类型。单击不同类型的文件,观察项目管理器右侧 6 个按钮的变化显示情况(黑色或灰色)。

（1）在"教学管理系统"项目管理器中添加自由表：xs. dbf、cj. dbf 和 js. dbf。

① 单击"数据"选项卡，单击"自由表"选项。

② 单击右侧的"添加"按钮，在弹出的"打开"对话框中选择 xs. dbf，单击"确定"按钮。

③ 重复步骤②，添加 cj. dbf 和 js. dbf。

单击各自由表前的⊞号查看其所包含的内容。

（2）从项目管理器中移去自由表：js. dbf。

① 选中"自由表"选项下的 js. dbf，单击右侧的"移去"按钮。

② 在弹出的确认对话框中单击"移去"按钮。

项目管理器按层次结构组织各类文件，如果某项目中含有一个以上的项，在其类型符号左边显示一个⊞号，单击该⊞号可展开项目中所包含的内容，左边的⊞号变⊟号，再单击选项左边的⊟号，又可以折叠已展开的列表。

2.4 习　题

1. 选择题

（1）退出 Visual FoxPro 的操作方法是_____。

A. 单击"文件"菜单中的"退出"选项

B. 用鼠标左键单击窗口右上角的"关闭"按钮

C. 在命令窗口中键入 QUIT 命令，然后按 Enter 键

D. 以上方法都可以

（2）下面关于工具栏的叙述，错误的是_____。

A. 可以创建用户自己的工具栏

B. 可以修改系统提供的工具栏

C. 可以删除用户创建的工具栏

D. 可以删除系统提供的工具栏

（3）在"选项"对话框的"文件位置"选项卡中可以设置_____。

A. 表单的默认大小 　　　　　　　B. 默认目录

C. 日期和时间的显示格式 　　　　D. 程序代码的颜色

（4）项目管理器的功能是组织和管理与项目有关的各种类型的 _____。

A. 文件 　　　　B. 字段 　　　　C. 程序 　　　　D. 数据

（5）打开 Visual FoxPro"项目管理器"的"文档"选项卡，其中包含_____。

A. 表单（Form）文件 　　　　　　B. 报表（Report）文件

C. 标签（Label）文件 　　　　　　D. 以上 3 种文件

（6）打开一个已经存在的项目文件的命令是_____。

A. Modify Command 　　　　　　B. Modify

C. Modify Project 　　　　　　　D. Create Command

(7) 在 Visual FoxPro 中，为项目添加数据库、自由表或查询，应选择_____选项卡。

    A. 数据   B. 信息   C. 报表   D. 窗体

(8) 对于 Visual FoxPro，以下说法正确的是_____。

    A. 项目文件是一个大文件夹，里面有若干个小文件

    B. 项目文件是管理开发应用程序的各种文件、数据和对象的工具

    C. 项目文件只能管理项目不能管理数据

    D. 项目文件不可以使用命令打开

(9) 要添加文件到项目管理器中，需要使用项目管理器的_____按钮。

    A. 连编   B. 删除   C. 添加   D. 移去

(10) 从项目管理器中删除文件的方法是_____。

    A. 先选择要删除的文件，单击"移去"按钮，在弹出的对话框中单击"删除"按钮

    B. 从"项目"菜单中选择"删除文件"命令，在弹出的对话框中单击"移去"按钮

    C. 先选择要删除的文件，单击"删除"按钮，在弹出的对话框中单击"移去"按钮

    D. 直接单击"删除"按钮

(11) 项目管理器可以有效地管理表、表单、数据库、菜单、类、程序和其他文件，并且可以将它们编译成_____。

    A. 扩展名为 app 的文件   B. 扩展名为 exe 的文件

    C. 扩展名为 app 或 exe 的文件   D. 扩展名为 prg 的文件

(12) 若同时打开了甲、乙两个项目，从甲项目中拖放文件到乙项目的操作中，下述说法中正确的是_____。

    A. 拖放操作并不创建文件的副本，只保存了一个对该文件的引用

    B. 拖放操作后在乙项目文件同一文件夹下创建了该文件的副本

    C. 允许从甲项目的某数据库中拖放一张表到乙项目的某一数据库中

    D. 若拖放操作成功则甲项目中便不存在该文件了

(13) 下述命令中的_____命令能关闭项目管理器。

    A. Close Databases   B. Close all

    C. Clear all   D. Clear Program

(14) 下列说法中错误的是_____。

    A. 所谓项目管理器是指文件、数据、文档和 Visual FoxPro 对象的集合

    B. 项目管理是 Visual FoxPro 中处理数据和对象的主要组织工具

    C. 项目管理器提供了简便的、可视化的方法来组织和处理表、数据库、表单、报表、查询和其他一切文件

    D. 在项目管理器中可以将应用系统编译成一个扩展名为 exe 的可执行文件，而不能将应用系统编译成一个扩展名为 app 的应用文件

(15) 利用_____工具可以根据提示逐步进行数据表、表单、报表的设计。

    A. 设计器   B. 向导   C. 生成器   D. 工具栏

2. 填空题

（1）Visual FoxPro 的系统主窗口由_____、_____、工具栏、命令窗口、工作区和状态栏等 6 部分组成。

（2）Visual FoxPro 具有_____和_____两种工作方式。

（3）若命令较长，一行写不完时，可分行书写，用_____加以分割，后跟一个回车符，转到屏幕下一行去继续输入这条命令，系统在执行时，将把它们视为一个整体。

（4）当一个命令动词的字母数超过_____个时，可以从第_____个字母起省略。

（5）在命令窗口中，输入_____命令，可以退出 Visual FoxPro 系统。

（6）按_____键可以隐藏命令窗口，按_____键可以显示命令窗口。

（7）当打开新建的项目文件时，项目管理器中的主要功能按钮是_____、_____、_____、_____和_____。

（8）创建一个项目文件的命令是_____。

（9）创建并保存一个项目后，系统会在磁盘上生成两个文件，这两个文件的扩展名分别是_____和_____。

（10）项目管理器的功能是组织和管理所有与项目有关的各种类型的_____。

（11）数据库文件的扩展名是_____，表文件的扩展名是_____，数据表备注文件的扩展名是_____。

（12）扩展名为 app 的文件是_____文件，扩展名为 cdx 的文件是_____文件，扩展名为 fmt 的文件是_____文件，扩展名为 lbx 的文件是_____文件。

（13）项目管理器的"移去"按钮有两个功能；一是把文件移去，二是_____文件。

（14）项目管理器的_____选项卡用于显示和管理数据库、自由表和查询等。

（15）扩展名为 prg 的程序文件在"项目管理器"的_____选项卡中显示和管理。

（16）项目管理器中每个数据库都包含本地视图、远程视图、_____、存储过程和_____。

（17）要设置主控程序，应在"项目"菜单中选择_____选项。

（18）Visual FoxPro 具有_____、_____和_____3 种可视化辅助设计工具。

第3章 Visual FoxPro 语言基础

3.1 知 识 要 点

1. 数据类型

每一个数据都有一定的类型，数据类型决定了数据的存储方式和运算方式。在 Visual FoxPro 系统中提供了多种不同的数据类型。

(1) 字符型数据(Character)：由任意字符(字母、数字、空格、符号等)组成，其长度(即字符个数)范围是 0～254 个字符，用于保存文本信息。

(2) 数值型数据：由数字、小数点、正负号和表示乘方的字母 E 组成，是表示数量并可以进行算术运算的数据类型。在 Visual FoxPro 系统中，按存储、表达形式与取值范围的不同，数值型数据又被细分为以下 5 种类型：数值型(Numeric)、浮点型(Float)、双精度型(Double)、整型(Integer)、货币型(Currency)。

(3) 日期型(Date)数据：用于存储有关日期的数据。

(4) 日期时间型(DateTime)数据：用于存储有关日期和时间的数据。

(5) 逻辑型(Logic)数据：是描述客观事物真假的数据类型，用于表示逻辑判断的结果。

(6) 备注型(Memo)数据：用于存放较长的字符型数据。

(7) 通用型(General)数据：用于存储 OLE 对象。

2. 常量

Visual FoxPro 支持 6 种类型的常量，不同类型的常量有不同的书写格式。

(1) 数值型常量：由数字 0～9、小数点和正负号组成。可用科学记数法表示。

(2) 字符型常量：用定界符括起来的字符序列。定界符包括半角单引号(')、半角双引号(")和方括号([])。

(3) 货币型常量：用来表示货币值，其书写格式是数值前面加一个"＄"符号。

(4) 日期型常量：用一对大括号({})括起来的一个日期数据，格式为{＾yyyy-mm-dd}，系统默认的分格符为斜杠(/)。

(5) 日期时间型常量：包括日期和时间两部分{＜日期＞,＜时间＞}。＜日期＞部分的书写格式与日期型常量相似；＜时间＞部分的书写格式为[hh[:mm[:ss]][a|p]]。其中 hh、mm、ss 分别表示时、分和秒。a 和 p 分别代表上午和下午。

(6) 逻辑型常量：只有逻辑真和逻辑假两个值。逻辑真的常量表示形式有.T.、.t.、

.Y. 和 .y. 。逻辑假的常量表示形式有 .F. 、.f. 、.N. 和 .n. 。前后两个句点作为逻辑型常量的定界符是必不可少的,否则会被误认为变量名。

3. 变量

Visual FoxPro 的变量分为字段变量和内存变量两大类。它们的主要区别是:

(1) 内存变量独立于数据表文件,保存在内存里,用于存放在命令或程序运行过程中所需要的原始数据、中间结果以及最终结果。字段变量依赖于数据表文件,随着数据表的打开而生效,关闭而释放。

(2) 内存变量的值和类型取决于最近一次赋值。字段变量的类型只能通过对表结构的建立或修改定义,它的值取决于记录指针的位置。

(3) 内存变量的数据类型有 6 种:字符型(C)、数值型(N)、货币型(Y)、日期型(D)、日期时间型(T)和逻辑型(L)。字段变量的数据类型有 13 种:字符型(C)、数值型(N)、浮点型(F)、双精度型(B)、整型(I)、货币型(Y)、日期型(D)、日期时间型(T)、逻辑型(L)、备注型(M)、通用型(G)、二进制字符型和二进制备注型。

(4) 内存变量名如果与字段变量同名,系统将按字段变量对待。如果要访问内存变量,需在内存变量名前冠以"M->"或"M."加以区分。

内存变量又可细分为简单内存变量、系统内存变量和数组变量。

(1) 简单内存变量是一种独立于数据表文件以外,存在于内存中的一种临时变量,需要时可以临时定义,不需要时可以随时释放。

(2) 系统内存变量是由 Visual FoxPro 系统自动生成的变量,它的名字是系统已定义好的,均以"_"(下划线)字符开头。

(3) 数组是另一种形式的内存变量,它由一系列元素组成,每个数组元素可以通过数组名及相应的下标来访问。每个数组元素相当于一个简单内存变量,可以给各元素分别赋值。

① 数组的定义。

格式一:

DIMENSION <数组名> (<下标上限 1> [,<下标上限 2>]) [,…]

格式二:

DECLARE <数组名> (<下标上限 1> [,<下标上限 2>]) [,…]

说明:Visual FoxPro 规定下标的最小值为 1。

② 数组元素的赋值。

格式一(整体赋值):

STORE <表达式> TO <数组名>

格式二(逐个元素赋值):

STORE <表达式> TO <下标变量名表>

③ 表中数据与数组数据之间的交换。

将表的当前记录传递给数组的命令是:

SCATTER [FIELDS <字段名表>] [MEMO] TO <数组名> [BLANK]

将数组元素传递给当前记录的命令是：

GATHER FROM <数组名> [FIELDS <字段名表>] [MEMO]

4. 表达式

表达式是指由常量、变量和函数通过运算符连接起来的式子,根据运算对象的数据类型不同,表达式可以分为算术表达式、字符表达式、日期时间表达式、关系表达式和逻辑表达式。常量、变量和函数本身可以看做是最简单的表达式。

表达式进行运算时,应关注两点：

① 参与运算的数据类型以及表达式运算结果的数据类型;

② 运算符的优先级。

在表达式中,运算的优先次序依次为：算术运算符→关系运算符→逻辑运算符,细划为：括号()→乘方→乘、除、取模→加、减(包括字符、日期、时间运算符)→关系运算符(大于、小于等)→非运算→与运算→或运算。

5. 常用函数

Visual FoxPro 提供了大量函数,每一个函数都有特定的功能。按函数功能不同可将函数分为以下几大类：数值运算函数、字符处理函数、日期时间函数、数据类型转换函数和测试函数等。

函数名、参数、函数返回值是函数的三大要素。即在使用函数时除了了解其功能外,还应注意：

① 函数要求的参数个数;

② 每个参数的数据类型和取值范围;

③ 函数返回值的数据类型。

以下表 3-1～表 3-6 分别列出了常用函数的格式与功能。

表 3-1　数值运算函数

函　数　名	功　　能	示　　例	
		表达式	结果
Sqrt(x)	求 x 的平方根值,x≥0	Sqrt(16)	4
Log(x)	求 x 的自然对数,x>0	Log(2)	0.693 14
Exp(x)	求以 e 为底的幂值,即求 e^x	Exp(2)	7.389 06
Abs(x)	求 x 的绝对值	Abs(−4.8)	4.8
Sign(x)	求 x 的符号,x>0 为 1,x=0 为 0,x<0 为 −1	Sign(−10) Sign(10)	−1 1
Rand(x)	产生一个 0～1 之间的随机数 若产生 m～n 之间的随机整数其通式为： Int(Rand ∗ (n−m+1)+m)	Int(Rand() ∗ (99−10+1)+10)	产生两位随机整数
Sin(x)	求 x 的正弦值,x 单位为弧度	Sin(30 ∗ 3.141 592/180)	0.5
Cos(x)	求 x 的余弦值,x 单位为弧度	Cos(30 ∗ 3.141 592/180)	0.866 025

续表

函 数 名	功　　能	示　例	
		表达式	结果
Tan(x)	求 x 的正切值,x 单位为弧度	Tan(30 * 3.141 592/180)	0.577 35
Atan(x)	求 x 的反正切值,x 单位为弧度	Atan(30 * 3.141 592/180)	0.482 35
Int(x)	取 x 的整数部分	Int(16.8) Int(−16.8)	16 −16
Floor(x)	取小于等于 x 的最大整数	Floor(16.8) Floor(−16.8)	16 −17
Ceiling(x)	取大于或等于 x 的最小整数	Ceiling(16.8) Ceiling(−16.8)	17 −16
Mod(x,y)	求 x 除以 y 所得出的余数	Mod(7,3)	1
Round(x,n)	求 x 按照 n 指定的位置进行四舍五入的结果	Round(321.4685,2)	321.47

表 3-2　字符处理函数

函　数　名	功　　能	示　例	
		表达式 St="I am a Student"	结果
Len(St)	求字符串 St 的长度(字符个数)	Len(St)	14
Left(St,n)	从字符串 St 左边起取 n 个字符	Left(st,4)	"I am"
Right(St,n)	从字符串 St 右边起取 n 个字符	Right(St,7)	"Student"
Substr(St,n1,n2)	从字符串 St 左边第 n1 个位置开始向右起取 n2 个字符,若 n2 省略则取从 n1 到结尾的所有字符	Substr(St,3,2) Substr(St,6)	"am" "a Student"
Upper(St)	将字符串 St 中所有小写字符改为大写	Upper("New")	"NEW"
Lower(St)	将字符串 St 中所有大写字符改为小写	Lower("NAME")	"name"
Ltrim(St)	去掉字符串 St 的前导空格	Ltrim("New")	"New"
Rtrim(St)	去掉字符串 St 的尾随空格	Rtrim("New")	"New"
Alltrim(St)	去掉字符串 St 的前导和尾随空格	Alltrim("New")	"New"
At(St1,St2[,n])	返回 St1 在 St2 中的起始位置。如果 St2 中不包含 St1,则返回 0。若选用 n,则表示要返回 St1 在 St2 中的第 n 次出现的起始位置,其默认值是 1	At("a", St ,2) At("m", St)	6 4
Replicate(St,n)	得到由 n 个给定字符 St 组成的一个字符串	Replicate("#",6)	"######"
Space(n)	得到 n 个空格	"A" & Space(3) & "B"	"A B"
Occurs(St1,St2)	返回 St1 在 St2 中出现的次数。若 St1 不是 St2 的子串,则函数值为 0	Occurs("is","This is a book")	2

表 3-3　日期时间函数

函　数　名	功　　　能
Date()	返回系统当前的日期
Time()	返回系统当前的时间
DateTime()	返回系统当前的日期和时间
Year(x)	返回一个表示 x 的年号的整数,x 为一有效的日期变量、常量或字符表达式
Month(x)	返回一个表示 x 的月份的整数,x 为一有效的日期变量、常量或字符表达式
Day(x)	返回一个 1～31 之间的整数,x 为一有效的日期变量、常量或字符表达式
Dow(x[,c])	返回 x 是星期几,x 为一有效的日期变量、常量或字符表达式,c 用于指定星期几为一个星期的第一天,默认星期天为一周的第一天

表 3-4　数据类型转换函数

函　数　名	功　　　能	示　　　例	
		表达式	结果
Str(x)	将数值数据 x 转换成字符串	Str(1024)	"1024"
Val(x)	将字符串 x 中的数字转换成数值	Val("1024B")	1024
Chr(x)	返回以 x 为 ASCII 码值的字符	Chr(65)	"A"
Asc(x)	给出字符 x 的 ASCII 码值(十进制数)	Asc("A")	65
Ctod(x)	将 x 转换成日期型数据,x 为一有效的字符变量、字符常量或字符表达式	Ctod("07/12/15")	07/12/15
Dtoc(x)	将 x 转换成字符串,x 为一有效的日期变量、日期常量或日期表达式	Dtoc({^2008-8-8})	"08/08/08"

表 3-5　测试函数

函　数　名	功　　　能
Between(x,l,h)	判断表达式 x 的值是否介于 l 和 h 两个表达式的值之间
Isnull(x)	判断表达式 x 的运算结果是否为 NULL 值
Empty(x)	判断表达式 x 的运算结果是否为"空"值
Eof()	测试当前表文件中的记录指针是否指向文件结束标识
Bof()	测试当前表文件中的记录指针是否指向文件开始标识
Recno()	返回当前表文件中当前记录(记录指针所指记录)的记录号
Reccount()	测试当前表文件中的记录个数
IIf(x,e1,e2)	测试逻辑表达式 x 的值,若为逻辑真.T.,函数返回表达式 e1 的值;若为逻辑假.F.,函数返回表达式 e2 的值
Deleted()	判断当前表文件中的当前记录(记录指针所指记录)是否带有删除标记

表 3-6　其他常用函数

函　数　名		格式和功能
MessageBox	格式	MessageBox(prompt[, buttons] [, title] [, helpfile, context])
	功能	在对话框中显示消息,等待用户单击按钮,并返回一个整数告诉用户单击的是哪一个按钮
RGB	格式	RGB(red, green, blue)
	功能	返回一个 RGB 颜色值

Visual FoxPro 语言基础

6. 程序文件

程序文件是由一系列能够完成一定任务的有序命令组成的集合。

1）建立程序文件的步骤

① 打开代码编辑器窗口。

② 在代码编辑器窗口中输入程序内容。

③ 保存程序文件。

2）打开代码编辑器窗口的方法

① 使用命令：

MODIFY COMMAND ＜程序文件名＞

② 利用菜单：单击"文件"菜单中"新建"选项。

③ 在项目管理器中：在项目管理器的"代码"选项卡中选定"程序"，单击"新建"按钮。

3）程序文件的运行

① 使用命令：

DO ＜程序文件名＞

② 利用菜单：选择"程序"→"运行"选项或单击工具栏中"运行"按钮。

③ 在项目管理器中：若程序包含在一项目中，可在"项目管理器"中选定它并单击"运行"按钮。

7. 程序设计中常用的几个命令

（1）接受表达式命令：

INPUT [＜提示信息＞] TO ＜内存变量＞

（2）接受字符串命令：

ACCEPT [＜提示信息＞] TO ＜内存变量＞

（3）接受单字符命令：

WAIT [＜提示信息＞] [TO ＜内存变量＞] [WINDOW[AT＜行,列＞]]

（4）基本输出命令：

? | ??

（5）清屏命令：

CLEAR

（6）程序注释命令有以下 3 种格式：

NOTE [＜注释内容＞]
&& [＜注释内容＞]
 * [＜注释内容＞]

（7）设置会话状态命令：

```
SET TALK ON | OFF
```

8. 选择结构

1）条件语句 IF…ELSE…ENDIF 语句

格式：

```
IF <条件表达式>
    <语句序列 1>
[ELSE
    <语句序列 2> ]
ENDIF
```

该语句根据条件是否成立从两组代码中选择一组执行。

2）DO CASE…ENDCASE 语句

格式：

```
DO CASE
  CASE <条件表达式 1>
      <语句序列 1>
  [CASE <条件表达式 2>
      <语句序列 2>
       ⋮
  CASE <条件表达式 N>
      <语句序列 N>]
  [OTHERWISE
      <语句序列>]
  ENDCASE
```

该语句执行时，依次判断 CASE 后面的条件是否成立。如果 CASE 后面的条件成立，就执行该 CASE 和下一个 CASE 之间的语句序列，然后执行 ENDCASE 后面的语句。如果所有的条件都不成立，则执行 OTHERWISE 与 ENDCASE 之间的语句序列，然后转向执行 ENDCASE 后面的语句。

9. 循环结构

Visual FoxPro 支持以下 3 种循环结构语句。

1）DO WHILE 循环

格式：

```
DO WHILE <条件表达式>
    <语句序列>
ENDDO
```

该语句执行时，先判断 DO WHILE 处的循环条件是否成立，如果条件为真，则执行 DO WHILE 与 ENDDO 之间的语句序列（循环体）。当执行到 ENDDO 时，返回到 DO WHILE，再次判断循环条件是否为真，以确定是否再次执行循环体。若条件为假，则结束该循环语句,执行 ENDDO 后面的语句。

2) FOR…ENDFOR 循环

格式:

```
FOR <循环变量> = <初值> TO <终值> [STEP <步长>]
    <语句序列>
ENDFOR | NEXT
```

该语句执行时,首先将初值赋给循环变量,然后判断循环条件是否成立,若循环条件成立,则执行循环体,然后循环变量增加一个步长值,并再次判断循环条件是否成立,以确定是否再次执行循环体。若循环条件不成立,则结束该循环语句,执行 ENDFOR 后面的语句。

3) SCAN…ENDSCAN 循环

格式:

```
SCAN   [范围] [FOR |WHILE <条件表达式>]
    <语句序列>
ENDSCAN
```

该语句执行时,记录指针自动、依次地在当前表的指定范围内满足条件的记录上移动,对每一条记录执行循环体内的语句。

4) LOOP 语句与 EXIT 语句

LOOP 语句和 EXIT 语句是循环结构中的两条专用语句,通常出现在循环体内嵌套的分支语句中,根据条件来决定是 LOOP 回去,还是 EXIT 出去。

10. 过程与自定义函数

1) 过程

一般格式:

```
PROCEDURE <过程名>
[PARAMETERS <参数表>]
<语句序列>
[RETURN]
ENDPROC
```

存放位置:

① 直接放在调用程序的后面(与调用程序共一个文件);

② 可以把多个过程存放在一个单独的过程文件中。

过程调用:

```
DO <过程名> [WITH <参数表>]          && 作为一个语句
```

2) 自定义函数

一般格式:

```
FUNCTION<函数名>
[PARAMETERS<参数表>]
<语句序列>
RETURN<表达式>
ENDFUNC
```

存放位置：

① 直接放在调用程序的后面(与调用程序共一个文件)；

② 可以把多个函数过程存放在一个单独的过程文件中。

函数调用：

<函数名>(<参数表>)　　　　　　　　　&& 作为一个表达式

3) 内存变量的作用域

内存变量的作用域指的是变量的作用范围。根据作用域的不同,可把变量分为公共变量、私有变量和局部变量 3 类。

(1) 公共变量。在任何模块中都可以使用的变量称为公共变量。公共变量用 PUBLIC 来定义。

(2) 私有变量。在程序中直接使用(没有通过 PUBLIC 和 LOCAL 命令事先声明)的内存变量都是私有变量。私有变量仅在建立它的模块及其下属的各层模块中有效,一旦建立它的模块运行结束,这些私有变量将自动清除。

(3) 局部变量。局部变量仅在定义它的模块中有效,不能在其上级或下级模块中使用。当定义它的模块运行结束时,局部变量自动释放。局部变量用 LOCAL 来定义。

11. 程序调试

程序调试是程序设计中的一个重要环节。Visual FoxPro 提供的调试器是调试程序的一个有效工具。

1) 调试器的打开

调试器的打开有以下两种方法：

(1) 在命令窗口键入 Debug。

(2) 单击"工具"菜单中"调试器"选项。

2) 调试器窗口的组成

调试器窗口包括了 5 个子窗口即跟踪窗口、监视窗口、局部窗口、调用堆栈窗口和调试输出窗口。

3) 设置断点

设置断点是最常用最有效的一种调试程序的方法。

可以设置 4 种类型的断点。

① 在定位处中断：可以指定一代码行,当程序调试执行到该代码时中断程序运行。

② 如果表达式值为真则在定位处中断：指定一个代码行以及一个表达式,在程序调试执行过程中,当该表达式值为真就中断程序运行。

③ 当表达式值为真时中断：可以指定一个表达式,在程序调试执行过程中,当该表

达式值改成逻辑真(. T.)时就中断程序运行。

④ 当表达式值改变时中断：指定一个表达式，在程序调试执行过程中，当该表达式值改变时就中断程序运行。

4）调试菜单

在"调试"菜单中集中了程序调试的主要选项，包括：运行、取消、定位修改、跳出、单步、单步跟踪、运行到光标处、调速、设置下一条语句等命令。

下面是本章的上机实验。

3.2　实验 3-1　常量、变量、表达式和函数

【实验目的】

（1）掌握 Visual FoxPro 的常量、变量的概念。
（2）掌握变量的赋值及表达式的运算。
（3）掌握 Visual FoxPro 常用函数的使用。
（4）掌握 IIF 函数和 MessageBox 函数的使用。

【实验内容及步骤】

1. 变量的赋值和显示

在命令窗口中输入如下命令，观察 Visual FoxPro 主窗口中的屏幕输出结果，将执行结果写在横线上。

```
Store 0 to X, Y, Z
?X, Y, Z                          && 显示结果为_____
DATE = { ^2008.08.24}
?DATE                             && 显示结果为_____
A = 'Visual FoxPro'
B = '程序设计'
C = 80
D = .T.
?A, B, C, D                       && 显示结果为_____
Dimension X(2,3), Y(3)            && 定义一个二维数组 x 和一维数组 Y
Y(1) = 325
Y(2) = "苏州"
Y(3) = .T.
X = 0                             && 数组 x 中所有元素赋值均为 0
List memory like Y *              && 显示结果为_____
                                             _____
                                             _____
```

```
List memory like x                        && 显示结果为_____
                                                  _____
                                                  _____
                                                  _____
                                                  _____
```

2. 表达式的操作

在命令窗口中输入如下命令,观察 Visual FoxPro 主窗口中的屏幕输出结果,将执行结果写在横线上。

```
?51/4                                     && 显示结果为_____
?64％5,64％-5                             && 显示结果为_____
?11^3                                     && 显示结果为_____
?(3*4+sqrt(2*8)/2)*3                      && 显示结果为_____
?"计算机"+"等级考试"                       && 显示结果为_____
?"计算机"-"等级考试"                       && 显示结果为_____
SET EXACT ON
?"abcde"="abc"                            && 显示结果为_____
SET EXACT OFF
?"abcde"="abc"                            && 显示结果为_____
a=75
? a<60.OR.a>=90                           && 显示结果为_____
? a>=70.AND.a<80                          && 显示结果为_____
? NOT a>=80                               && 显示结果为_____
?{10/01/2008}-{05/01/2007}                && 显示结果为_____
SET STRICTDATE TO 0
?{10/01/2008}-{05/01/2007}                && 显示结果为_____
?{10/01/2008}+20                          && 显示结果为_____
SET STRICTDATE TO 1
SET CENTURY OFF
SET DATE TO YMD
DD1={^2008-6-19}
? DD1                                     && 显示结果为_____
SET CENTURY ON
? DD1                                     && 显示结果为_____
SET DATE TO DMY
? DD1                                     && 显示结果为_____
SET STRICTDATE TO 0
DD2={25-07-2008}
? DD2                                     && 显示结果为_____
```

3. Visual FoxPro 常用函数的使用

在命令窗口中输入如下命令,观察 Visual FoxPro 主窗口中的屏幕输出结果,将执行

第3章

Visual FoxPro 语言基础

结果写在横线上。

1）数值型函数练习

? INT(127.8)   && 显示结果为＿＿＿＿＿＿＿＿＿＿

? CEILING(- 7.65)   && 显示结果为＿＿＿＿＿＿＿＿＿＿

? FLOOR(7.85)   && 显示结果为＿＿＿＿＿＿＿＿＿＿

? SIGN(- 56)   && 显示结果为＿＿＿＿＿＿＿＿＿＿

? ROUND(1025.2896,2)   && 显示结果为＿＿＿＿＿＿＿＿＿＿

? SQRT(9)   && 显示结果为＿＿＿＿＿＿＿＿＿＿

? EXP(2)   && 显示结果为＿＿＿＿＿＿＿＿＿＿

? LOG(10)   && 显示结果为＿＿＿＿＿＿＿＿＿＿

? ABS(- 324)   && 显示结果为＿＿＿＿＿＿＿＿＿＿

? MOD(13,5), MOD(13, - 5) , MOD(- 13,5) , MOD(- 13, - 5)

                                                && 显示结果为＿＿＿＿＿＿＿＿＿＿

? MAX(5,6,MIN(7,8))   && 显示结果为＿＿＿＿＿＿＿＿＿＿

2）字符型函数练习

C = "THIS IS A EXAMPLE"

? LEN(C)   && 显示结果为＿＿＿＿＿＿＿＿＿＿

? SUBSTR(C,6)   && 显示结果为＿＿＿＿＿＿＿＿＿＿

? SUBSTR(C,3,2)   && 显示结果为＿＿＿＿＿＿＿＿＿＿

? AT("IS",C),AT("IS",C,2),AT("IS",C,3)

                                                && 显示结果为＿＿＿＿＿＿＿＿＿＿

? LEFT(C,4)   && 显示结果为＿＿＿＿＿＿＿＿＿＿

? RIGHT(C,7)   && 显示结果为＿＿＿＿＿＿＿＿＿＿

? UPPER('abc')   && 显示结果为＿＿＿＿＿＿＿＿＿＿

? LOWER('ABC')   && 显示结果为＿＿＿＿＿＿＿＿＿＿

? STUFF("面向对象程序设计",1,8,"结构化")

                                                && 显示结果为＿＿＿＿＿＿＿＿＿＿

? STUFF("面向对象程序设计",9,8,SPACE(1))

                                                && 显示结果为＿＿＿＿＿＿＿＿＿＿

X = " A B C "

? "[" + X + "]",LEN(X)   && 显示结果为＿＿＿＿＿＿＿＿＿＿

? "[" + TRIM(X) + "]",LEN(TRIM(X))   && 显示结果为＿＿＿＿＿＿＿＿＿＿

? "[" + LTRIM(X) + "] ",LEN(LTRIM(X))   && 显示结果为＿＿＿＿＿＿＿＿＿＿

? "[" + RTRIM(X) + "] ",LEN(RTRIM(X))   && 显示结果为＿＿＿＿＿＿＿＿＿＿

? "[" + ALLTRIM(X) + "] ",LEN(ALLTRIM(X))   && 显示结果为＿＿＿＿＿＿＿＿＿＿

? REPLICATE('♯',5)   && 显示结果为＿＿＿＿＿＿＿＿＿＿

? OCCURS("A","I AM A STUDENT.")   && 显示结果为＿＿＿＿＿＿＿＿＿＿

3）日期型函数练习

? DATE()   && 显示结果为＿＿＿＿＿＿＿＿＿＿

? YEAR(DATE())   && 显示结果为＿＿＿＿＿＿＿＿＿＿

```
? DOW(DATE())                        && 显示结果为 _____
? CDOW(DATE())                       && 显示结果为 _____
SET HOUR TO 24
SET DATE TO YMD
SET CENTURY ON
? DATE(),TIME(),DATETIME()           && 显示结果为 _____
SET HOURS TO 12
? DATETIME(),TIME()                  && 显示结果为 _____
?"现在时间是" + TIME()                && 显示结果为 _____
```

4）类型转换函数练习

```
? STR( – 1234.56)                    && 显示结果为 _____
? STR(1234.56,6,1)                   && 显示结果为 _____
? VAL("123.45")                      && 显示结果为 _____
? VAL("123A.45")                     && 显示结果为 _____
? VAL("A123.45")                     && 显示结果为 _____
? CTOD("^2008/08/03")                && 显示结果为 _____
? ASC("BCD")                         && 显示结果为 _____
? CHR(65)                            && 显示结果为 _____
```

5）IIF 函数

```
X = 100
Y = 300
?IIF(X>100,X – 50,X + 50),IIF(Y>100,Y – 50,Y + 50)
                                     && 显示结果为 _____
```

6）MESSAGEBOX 函数

```
?MESSAGEBOX("注意：确实要删除吗?",3 + 48 + 256,"提示删除对话框")
```

该命令运行结果如图 3-1 所示。

图 3-1　运行结果

　　将信息框的窗口标题改为"信息提示"，提示信息为"您输入的口令非法，请重输"。图标为"终止"图标，包括"确定"和"取消"按钮，默认光标停在第一个按钮上。写出该信息框函数 _____。

3.3 实验 3-2 程序控制和程序设计基础

【实验目的】

（1）掌握创建、修改、运行程序的方法。

（2）掌握基本输入输出命令的使用。

（3）掌握用分支语句和循环语句控制程序流程的方法。

【实验内容及步骤】

实验准备：

① 下载"vfp 实验素材"到 E 盘并解压缩。

② 设置当前工作目录为 E:\vfp 实验素材\实验 3-2。

1．创建和运行程序

1）在项目管理器中创建和运行程序

① 打开"教学管理系统"项目管理器，选择"代码"选项卡上的"程序"，单击右侧的"新建"按钮。系统打开"程序 1"的程序编辑窗口。

② 在程序编辑窗口中输入程序：

```
* 求半径为 10 的圆的面积
STORE 10 TO r
S = 3.14 * r^2
?"半径为 10 的圆的面积为：", S
```

③ 输入完毕，按 Ctrl ＋ W 组合键存盘，在"另存为"对话框中输入程序的文件名 test1，单击"保存"按钮。

④ 单击打开项目管理器"程序"项前面的加号，选择程序文件 test1，单击右侧的"运行"按钮运行该程序。

在 Visual FoxPro 主窗口内显示：

```
半径为 10 的圆的面积为：314.0000
```

2）在命令窗口中创建、修改和运行程序。

① 在命令窗口中输入命令：

```
MODIFY COMMAND test1
```

程序即显示在编辑窗口中。

② 单击"文件"菜单中"另存为"选项，在弹出的"另存为"对话框中输入文件名 test2，单击"保存"按钮，在编辑窗口中修改程序如下：

```
* 计算任意半径的圆面积
SET TALK OFF
```

```
CLEAR
INPUT " 请输入圆半径： " TO r
S = 3.14156 * R^2
?"半径为" + LTRIM(STR(r)) + "的圆面积是："
?? LTRIM(STR( S ))
SET TALK ON
```

③ 运行程序。单击"程序"菜单中的"执行 test2.prg"选项或单击工具栏中运行按钮
!,这时在 Visual FoxPro 主窗口出现提示信息：

请输入圆半径：

④ 从键盘输入 10 ↙,运行结果为：

半径为 10 的圆面积是：314

⑤ 按 Ctrl＋W 组合键存盘,并回答下列问题。

• ? 和?? 的主要区别是什么？
• 能否将 INPUT 命令换成 ACCEPT？
• LTRIM()函数的作用是什么？

2. 选择结构

(1) 用 IF…ELSE…ENDIF 语句完成从键盘输入一个数,并判断是奇数还是偶数。

① 新建一个程序,输入以下内容：

```
SET TALK OFF
CLEAR
INPUT"请输入一个自然数："TO C
IF INT(C/2) = C/2
  ? STR(C,6) + "是偶数"
ELSE
  ? STR(C,6) + "是奇数"
ENDIF
SET TALK ON
```

② 保存程序为 test3,运行该程序,观察运行结果。

(2) 使用多分支语句 DO CASE…ENDCASE 编写根据一元二次方程的系数 a、b、c
求解方程根的程序。

① 新建一个程序,输入以下内容：

```
SET TALK OFF
CLEAR
INPUT "a = " to a
INPUT "b = " to b
INPUT "c = " to c
D = b * b - 4 * a * c                        && 根的判别式
```

```
DO CASE
    CASE D>0
        ? "方程有两个不等的实数根:"
        ?"x1 = ",( - b + sqrt(D))/(2 * a)
        ?"x2 = ",( - b - sqrt(D))/(2 * a)
    CASE D = 0
        ? "方程有两个相等的实数根:"
        ? "x1 = x2 = ", - b/(2 * a)
    CASE D<0
        ? "方程有两个复根:"
        P = - b/(2 * a)                    && 实部
        I = sqrt( - D)/(2 * a)             && 虚部
        ? "x1 = ",str(P) + " + " + str(I) + "i"
        ? "x2 = ",str(P) + " - " + str(I) + "i"
ENDCASE
SET TALK ON
```

② 保存程序为 test4,运行该程序,观察运行结果。

3．循环结构

（1）用 DO WHILE 循环语句完成程序,求任意整数 N 的阶乘。

① 新建一个程序,输入以下内容:

```
CLEAR
INPUT"请输入整数 N: "TO N
P = 1
I = 1
DO WHILE I<= N
    P = P * I
    I = I + 1
ENDDO
?N,"的阶乘是: ",P
```

② 保存程序为 test5,运行该程序,观察运行结果。

（2）用 FOR 循环语句完成程序,求 100 以内能被 5 或 7 整除的数之和。

① 新建一个程序,输入以下内容:

```
CLEAR
S = 0
FOR I = 1 TO 100
    IF I % 5 = 0 OR I % 7 = 0
        S = S + I
    ENDIF
ENDFOR
?"100 以内能被 5 或 7 整除的数之和为: ",s
```

② 保存程序为 test6,运行该程序,观察运行结果。

(3) 用 SCAN 循环语句完成,从学生成绩表中查询某同学修了几门课程。

① 新建一个程序,输入以下内容:

```
CLEAR
USE cj
ACCEPT"某同学的学号: " TO 学号
N = 0
SCAN FOR 学号 = xh
    N = N + 1
ENDSCAN
? 学号,"同学修了",N,"门课程"
```

② 保存程序为 test7,运行该程序,如给定学号 0601010111,观察运行结果。

4. 数组应用

用二维数组完成杨辉三角形的输出。杨辉三角形是一个古老的数学题,用数组来打印,关键是计算方法和打印位置的确定。

```
                    1
                  1   1
                1   2   1
              1   3   3   1
            1   4   6   4   1
          1   5  10  10   5   1
        1   6  15  20  15   6   1
```

① 新建一个程序,输入以下内容,在下面指定位置给程序添加注释。

```
SET TALK OFF
CLEAR
DIMENSION A(7,7)                        && _____
FOR I = 1 TO 7
    ?SPACE(30 - 3 * I)                  && _____
    FOR J = 1 TO I
        IF I = J .or. J = 1             && _____
            A(I,J) = 1                  && _____
        ELSE
            A(I,J) = A(I-1,J-1) + A(I-1,J) && _____
        ENDIF
        ??SPACE(4) + STR(A(I,J),2)      && _____
    NEXT
    ?                                   && _____
NEXT
SET TALK ON
```

② 保存程序为 test8,运行该程序,观察运行结果。

3.4 实验 3-3 多模块程序设计

【实验目的】

(1) 掌握过程与自定义函数的编写方法及其调用方法。

(2) 掌握 Visual FoxPro 的全局变量、私有变量、局部变量的用法。

(3) 学习程序调试器的使用。

【实验内容及步骤】

实验准备:

① 下载"vfp 实验素材"到 E 盘并解压缩。

② 设置当前工作目录为 E:\vfp 实验素材\实验 3-3。

打开"教学管理系统"项目,在"教学管理系统"项目中完成如下操作。

1. 不带参数的自定义函数和过程

① 新建一个程序,输入以下内容:

```
* 主程序
CLEAR
SUB1()                          && 调用不带参数的自定义函数 SUB1
DO SUB2                         && 调用不带参数的过程 SUB2
* 自定义函数
FUNCTION SUB1
    ?"你好!"
RETURN
* 过程
PROCEDURE SUB2
    ?"欢迎学习 Visual FoxPro!"
ENDPROC
```

② 保存程序为 test9,运行该程序,显示运行结果为＿＿＿＿＿＿＿＿＿。

2. 带参数的自定义函数和过程

① 下列程序可用于计算 S＝1!＋2!＋3!＋4!＋5!。

```
* 主程序
S = 0
FOR I = 1 TO 5
    S = S + FCJ (I)             && 调用带参数的自定义函数 FCJ
ENDFOR
? S
```

```
* 求 N 的阶乘的自定义函数 FCJ
FUNCTION FCJ
PARAMETERS N
P = 1
FOR J = 1 TO N
    P = P * J
ENDFOR
RETURN P
ENDFUNC
```

② 保存程序为 test10,运行该程序,显示运行结果为_____。

3. 程序调试

(1) 用调用过程的方法求 3!＋5!＋7!。

① 新建一个程序,输入以下内容:

```
* 主程序
SET TALK OFF
CLEAR
S = 0
FOR N = 3 TO 7 STEP 2
    T = 1
    DO prol                              && 调用过程 prol
    S = S + T
ENDFOR
??"3！+5！+7！= " + LTRIM(STR(s))
SET TALK ON
* 求 N 的阶乘的过程 prol
PROCEDURE prol
FOR P = 1 TO N
  T = T * P
ENDFOR
ENDPROC
```

② 保存程序为 test11,运行该程序。

(2) 在调试器中跟踪该程序。

① 打开调试器:选择“工具”→“调试器”选项。

② 打开“跟踪”、“监视”、“局部”和“调用堆栈”子窗口。观察调试器窗口,若这些子窗口未打开,则在调试器的“窗口”菜单中分别选定“跟踪”、“监视”、“局部”和“调用堆栈”选项。

③ 确定要调试的程序:选择调试器窗口“文件”→“打开”选项,再在添加对话框中选定 test11.prg,最后单击“确定”按钮,即打开该程序。

④ 在跟踪窗口设置断点：用鼠标双击 DO prol 一行左侧垂直条，用鼠标双击 S＝S＋T 一行左侧垂直条。在这两行左侧出现红色圆点，此即为程序断点。

⑤ 在"监视"窗口设置表达式，在"监视"窗口的文本框中分别输入：

S ↙

N ↙

⑥ 执行程序，选择"调试"→"运行"选项，程序执行到第一个断点处暂停，在"监视"和"调用堆栈"子窗口分别显示变量 S、N 的当前值，以及当前正在执行的程序名，如图 3-2 所示。

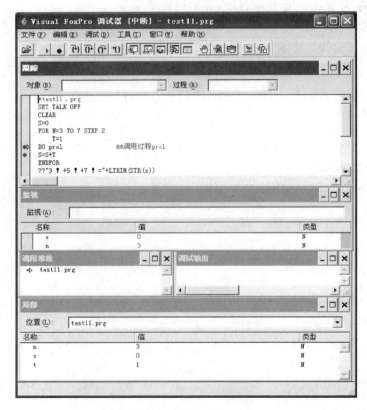

图 3-2　调试程序示例

⑦ 单击跟踪按钮，观察上述两窗口，直至程序运行结束。

3.5　习题（含理论题与上机题）

1. 选择题

（1）Visual FoxPro 的数据类型不包括_____。

A. 实数型　　　　　B. 备注型　　　　　C. 逻辑型　　　　　D. 字符型

(2) 在下面的数据类型中默认值为.F. 的是_____。

A. 数值型　　　　　B. 字符型　　　　　C. 逻辑型　　　　　D. 日期型

(3) 以下_____组数据类型均只能用于字段而不能用于变量。

A. 日期型、日期时间型、逻辑型、备注型

B. 货币型、浮点型、双精度型、整型、通用型

C. 浮点型、双精度型、整型、备注型、通用型

D. 货币型、数值型、字符型、逻辑型、备注型

(4) 下述有关数据操作的说法中,_____是正确的。

A. 货币型数据不能参加算术运算

B. 两个日期型数据可以进行加法运算

C. 一个日期型数据可以加或减一个整数

D. 字符型数据能比较大小,日期型则不能

(5) 在定义表结构时,以下哪一组数据类型的字段的宽度都是固定的_____。

A. 字符型、货币型、数值型　　　　B. 字符型、备注型、二进制备注型

C. 数值型、货币型、整型　　　　　D. 整型、日期型、日期时间型

(6) 字符型数据的最大长度是_____。

A. 20　　　　　　B. 254　　　　　C. 10　　　　　　D. 65K

(7) 日期型数据是用来存储表示日期的数据,数据长度固定为 8 个字节。日期型数据的严格格式为_____。

A. dd-mm-yy　　　　　　　　　B. {^yyyy-mm-dd}

C. dd-mm-yyyy　　　　　　　　D. {^yyyy-dd-mm}

(8) 常量是指运算过程中其_____固定不变的量。

A. 值　　　　　　B. 内存地址　　　　C. 所占内存大小　　D. 以上都是

(9) 变量是指运算过程中其_____允许变化的量。

A. 名称　　　　　B. 存储区域　　　　C. 值　　　　　D. 所占内存大小

(10) Visual FoxPro 的变量有两类,它们分别是_____。

A. 内存变量和字段变量　　　　　B. 局部变量和全局变量

C. 逻辑变量和日期变量　　　　　D. 字符型变量和数值型变量

(11) 以下给变量赋值的语句正确的是_____。

A. STORE 8 TO X,Y　　　　　　B. STORE 8,9 TO X,Y

C. X=8,Y=9　　　　　　　　　D. X,Y=8

(12) 执行 SET EXACT OFF 命令后,再执行"江苏省"="江苏"命令的显示结果是_____。

A. .T.　　　　　　B. .F.　　　　　C. 1　　　　　　D. 0

(13) 连续执行以下命令之后,最后一条命令的输出结果是_____。

```
SET EXACT OFF
X = "A "
?IIF("A" = X, X - "BCD", X + "BCD")
```

A. A   B. BCD   C. A BCD   D. ABCD

(14) 下面关于 Visual FoxPro 数组的叙述中,错误的是_____。

A. 用 DIMENSION 和 DECLARE 都可以定义数组

B. Visual FoxPro 只支持一维数组和二维数组

C. 一个数组中各个数组元素必须是同一种数据类型

D. 新定义数组的各个数组元素初值为.F.

(15) EOF()是测试函数,当正使用的数据表文件的记录指针已达到尾部,其函数值为_____。

A. 0   B. 1   C. .T.   D. .F.

(16) 表达式 VAL(SUBSTR("本年第 2 期",7,1))＊LEN("他!我")结果是_____。

A. 0   B. 2   C. 8   D. 10

(17) 表达式 2＊3^2＋2＊8/4＋3^2 的值为_____。

A. 64   B. 31   C. 49   D. 22

(18) 函数 INT(－3.415)的值是_____。

A. －3.1415   B. 3.1415   C. －3   D. 3

(19) 在以下四组函数运算中,结果相同的是_____。

A. LEFT("Visual FoxPro",6)与 SUBSTR("Visual FoxPro",1,6)

B. YEAR(DATE())与 SUBSTR(DTOC(DATE),7,2)

C. VARTYPE("36－5＊4")与 VARTYPE(36－5＊4)

D. 假定 A＝"this",B＝" is a string",A－B 与 A＋B

(20) 在下列函数中,函数值为数值的是_____。

A. AT("人民","中华人民共和国")   B. CTOD("07/01/08")

C. BOF()   D. SUBSTR(DTOC(DATE()),7)

(21) ? AT("大学","苏州大学")的答案是_____。

A. 2   B. 3   C. 8   D. 5

(22) STR(109.87,7,3)的值是_____。

A. 109.87   B. "109.87"   C. 109.870   D. "109.870"

(23) 设有变量 pi＝3.1415926,执行命令？ROUND(pi,3)的显示结果为_____。

A. 3.141   B. 3.142   C. 3.140   D. 3.000

(24) 下列选项中不能够返回逻辑值的是_____。

A. EOF()   B. BOF()   C. RECNO()   D. FOUND()

(25) 设有一字段变量"姓名",目前值为"张燕",又有一内存变量"姓名",其值为"赵亚菲",则命令:"? 姓名"的值应为_____。

A. 张燕   B. 赵亚菲   C. "张燕"   D. "赵亚菲"

(26) 欲从字符串"电子计算机"中取出"计算机",下面语句正确的是_____。

A. SUBSTR("电子计算机",3,3)   B. SUBSTR("电子计算机",3,6)

C. SUBSTR("电子计算机",5,3)　　　　D. SUBSTR("电子计算机",5,6)

(27) 函数 UPPER("FoxPro")的值是_____。

A. FOXPRO　　　　B. FoxPro　　　　C. FOXPro　　　　D. FoxPRO

(28) 变量名中不能包括_____。

A. 字母　　　　B. 数字　　　　C. 汉字　　　　D. 空格

(29) 可以比较大小的数据类型包括_____。

A. 数值型、字符型、日期型、逻辑型　　　　B. 数值型、字符型、日期型

C. 数值型、字符型、逻辑型　　　　D. 字符型、日期型、逻辑型

(30) 设有变量 sr="2008 年上半年全国计算机等级考试",能够显示"2008 年上半年计算机等级考试"的命令是_____。

A. ? sr"全国"

B. ? SUBSTR(sr,1,8)+SUBSTR(sr,11,17)

C. ? STR(sr,1,12)+STR(sr,17,14)

D. ? SUBSTR(sr,1,12)+SUBSTR(sr,17,14)

(31) 函数 MOD(21,−5)的值为_____。

A. 4　　　　B. −4　　　　C. 1　　　　D. −1

(32) 条件函数 IIF(MOD(15,−8)>3,10,−10)的结果为_____。

A. 10　　　　B. −10　　　　C. −1　　　　D. 7

(33) 使用 MESSAGEBOX()函数时,它的返回值为_____,代表用户选择了"重试"按钮。

A. 1　　　　B. 2　　　　C. 3　　　　D. 4

(34) 执行下列命令后,当前打开的数据库文件名是_____。

```
Number = "3"
File = "file" + Number
USE &File
```

A. File3　　　　B. &File　　　　C. FileNumber　　　　D. File

(35) 设 N=886,M=345,K='M+N',表达式 1+&K 的值是_____。

A. 1232　　　　B. 数据类型为匹配　　C. 1+M+N　　　　D. 346

(36) 某数据表中包含如下的两个字段:性别(C,2)、奖金(N,6,2),如果需要查询奖金在 100 元以下或 400 元以上的男职工和奖金在 200 元以上的女职工,应该使用的条件是_____。

A. 性别="男".AND.奖金<=100.OR.奖金>=400.AND.性别="女".AND.奖金>=200

B. 性别="男".AND.奖金<=100.OR.奖金>=400.OR.性别="女".AND.奖金>=200

C. 性别="男".AND.(奖金<=100.OR.奖金>=400).AND.性别="女".AND.奖金>=200

D. 性别＝"男". AND. (奖金＜＝100. OR. 奖金＞＝400). OR. 性别＝"女". AND. 奖金＞＝200

(37) 在 Visual FoxPro 中将内存变量定义为全局变量的命令是_____。

A. LOCAL　　　　B. PRIVATE　　　C. PUBLIC　　　D. GLOBAL

(38) 在 Visual FoxPro 中运行程序文件的命令是_____。

A. RUN ＜命令文件名＞　　　　　　B. USE ＜命令文件名＞

C. DO ＜命令文件名＞　　　　　　　D. DO PROGRAM ＜命令文件名＞

(39) 结构化程序设计的 3 种基本逻辑结构是_____。

A. 选择结构、循环结构和嵌套结构　　B. 顺序结构、选择结构和循环结构

C. 选择结构、循环结构和模块结构　　D. 顺序结构、递归结构和循环结构

(40) Visual FoxPro 的程序设计语句 LOOP 和 EXIT 不能用于_____结构中。

A. IF…ELSE…ENDIF　　　　　　　B. SCAN…ENDSCAN

C. DO WHILE…ENDDO　　　　　　D. FOR…ENDFOR

(41) 在 DO WHILE 循环中,若循环条件设置为. T. ,则下列说法中正确的是_____。

A. 程序一定出现死循环

B. 程序不会出现死循环

C. 在语句组中设置 EXIT 防止出现死循环

D. 在语句中设置 LOOP 防止出现死循环

(42) 清除主窗口屏幕的命令是_____。

A. CLEAR　　　　　　　　　　　B. CLEAR ALL

C. CLEAR SCREEN　　　　　　　D. CLEAR WINDOWS

(43) 顺序执行下列命令:

```
x = 100
y = 8
x = x + y
?x, x = x + y
```

最后一条命令的显示结果是_____。

A. 100 .F.　　　B. 100 .E.　　　C. 108 .T.　　　D. 108 .F.

(44) 有如下程序:

```
SET TALK OFF
DIMENSION K(2,3)
I = 1
DO WHILE I<= 2
  J = 1
  DO WHILE J<= 3
  K(I,J) = I * J
  ??K(I,J)
  ??" "
```

```
        J = J + 1
     ENDDO
     ?
     I = I + 1
  ENDDO
  RETURN
```

运行此程序的结果是_____。

A. 1 2 3   B. 1 2   C. 1 2 3   D. 1 2 3
   1 2 3   3 4   2 3 4   2 4 6

（45）设有如下程序：

```
 * 主程序
SET TALK OFF
a = 1
b = 2
DO SUBP
x = a + b + c
?x
SET TALK ON
 * 子程序
PROCEDURE SUBP
PUBLIC c
PRIVATE a, b, x
a = 10
b = 20
c = 30
x = a + b + c
?x
ENDPROC
```

主程序运行后,屏幕上显示出结果为_____。

A. 60   B. 33   C. 60   D. 33
   60   33   33   60

2. 填空题

（1）字符型常量是用定界符括起来的字符串。字符型常量的定界符有半角_____、_____或_____ 3 种。

（2）如果一个表达式中包含算术运算、关系运算、逻辑运算和函数时,则运算的优先次序是_____、_____、_____、_____。

（3）逻辑运算符的优先顺序由高到低为_____、_____、_____。

（4）日期型数据是一种特殊的数值,Visual FoxPro 系统中,日期时间运算符只有

Visual FoxPro 语言基础

_____和_____两种。

(5) 设 A＝7,B＝3,C＝4,表达式 A％3＋B^3/C 的值为_____。

(6) Visual FoxPro 中变量包括_____和_____。

(7) Visual FoxPro 中表达式的类型可分为_____、_____、_____、和_____。

(8) 显示当前内存变量的命令为_____。

(9) 函数 LEN(STR(1234567890))的返回值为_____,函数 LEN(DTOC(DATE()))的返回值是_____。

(10) Visual FoxPro 中,执行? AT("管理","数据库管理系统")命令后,返回的结果是：_____。

(11) LEFT("123456789",LEN("数据库"))的计算结果是_____。

(12) 下列命令执行后的结果是_____。

```
STORE − 100 TO X
?SIGN(X) * SQRT(ABS(X))
```

(13) 表达式"World" $ "World Wide Web"的结果为_____。

(14) 下列表达式的值是_____。

```
?VAL( SUBSTR("1999",3) + RIGHT( STR(YEAR({^2008-8-8})),2)) + 17
```

(15) 定义一个两行三列的二维数组 array,使用命令_____,将数据库文件(.dbm)所有字段的数据传给数组 array,应使用命令_____。

(16) 数组是一组_____的集合,由一系列元素组成,每个数组元素可以通过数组名和相应的下标来访问。

(17) 执行下列命令后的输出结果是_____。

```
StrABC = "开展全民健身运动,增强人民体质"
?at("健身",StrABC) * LEN(StrABC)
```

(18) 表达式 NOT("A"＞"B" AND 3 * 6＜20 OR "ART"＞"ARS")的值是_____。

(19) 表达式 STUFF("中国",3,2,"石油")的值是_____。

(20) 为了提高程序的可读性。在 Visual FoxPro 中通常使用_____、_____和_____命令为程序加注释。

(21) 在 Visual FoxPro 系统中,程序控制分为:顺序、分支和_____ 3 类。

(22) 常用的分支语句有_____语句和_____语句。

(23) 常有的循环语句有_____语句,_____语句和_____语句。

(24) 在循环次数已知的情况下,通常使用_____循环语句。

(25) _____循环语句称为"指针"型循环控制语句,即根据表中的当前记录指针决定循环体内语句的执行次数。

(26) 在 DO WHILE…ENDDO 结构中可以用_____语句直接跳到 DO WHILE

的开始处继续循环,可以用_____语句直接跳到 ENDDO 以后(即退出循环)。

(27) 如果在一个循环程序的循环体内,又包含着另一个循环,这种结构形式称为_____。

(28) 如下程序的输出结果是_____。

```
I = 1
DO WHILE i<10
  I = i + 2
Enddo
?i
```

(29) 执行下列程序后,显示结果是_____。

```
* 主程序
PRIVATE X
X = 5
DO SUB4
??X, Y
RETURN
* 子程序
PROCEDURE SUB4
PUBLIC Y
Y = 10
X = Y
?X, Y
RETURN
```

(30) 下列自定义函数 NTOC() 的功能是:当传送一个 1~7 之间的数值型参数时,返回一个中文形式的"星期日~星期六"。例如,执行命令? NTOC(3),显示"星期三"。

```
FUNCTION NTOC
PARAMETERS N
LOCAL CH
CH = "一二三四五六日"
MCH = "星期" + SUBSTR(CH, _____, 2)
RETURN MCH
ENDFUNC
```

(31) 下面程序运行的结果为_____。

```
I = "1"
J = "2"
X12 = "good"
?X&I&J
```

（32）运行 XY. PRG 程序后,将在屏幕上显示如下乘法表:

```
1
2 4
3 6 9
4 8 12 16
5 10 15 20 25
6 12 18 24 30 36
7 14 21 28 35 42 49
8 16 24 32 40 48 56 64
9 18 27 36 45 54 63 72 81
```

请对下面的 XY. PRG 程序填空:

```
SET TALK OFF
CLEAR
FOR i = 1 TO 9
   FOR _____
      ??STR(j,2) + ' '
   ENDFOR
?
ENDFOR
RETURN
```

（33）下列程序的功能是计算:

$$S = 1/(1*2) + 1/(3*4) + 1/(5*6) + \cdots + 1/(N*(N+1)) + \cdots$$

的近似值,当 $1/(N*(N+1))$ 的值小于 0.00001 时,停止计算。

```
S = 0
I = 1
DO WHILE .T.
    P = _____
    S = S + 1/P
    IF 1/P < 0.00001

    _____
    ENDIF
    I = I + 2
ENDDO
?S
```

（34）下列程序的功能是求 N,其中 N 是一个四位整数,它的九倍恰好是其反序数(反序数就是将整数的数字倒过来形成的数,例如 1234 的反序数为 4321)。填空完成该程序。

```
SET TALK OFF
I = 1002
```

```
DO WHILE I <= 1111
    N = I
    A = MOD(N,10) * 1000
    N = INT(N/10)
    B = MOD(N,10) * 100
    N = INT(N/10)
    C = _____
    D = INT(N/10)
    IF A + B + C + D = I * 9
        ?"运行结果",I
    ENDIF
    _____
ENDDO
SET TALK ON
RETURN
```

3. 编写程序

1. 将 0~10 之间的偶数求和并输出结果。

2. 求自然数 1~N 中能被 3 整除的数的和,并输出结果。

3. 输入 N 个数,找出最大和最小数。

4. 一个数列,它的前 3 项依次为 0、0、1,从第 4 项开始,以后每一项是它前三项之和,求这个数列的前 30 项。

第4章 Visual FoxPro 数据库操作

4.1 知识要点

1. 数据库的操作

1）数据库的建立

① 使用命令：

CREATE DATABASE <数据库名>

② 利用菜单：选择"文件"→"新建"选项，在弹出的"新建"对话框中选定文件类型为"数据库"，然后单击"新建文件"按钮，在"创建"对话框中输入数据库文件名，单击"保存"按钮，即进入到数据库设计器。

③ 在项目管理器中：打开项目管理器，在"数据"选项卡中选定"数据库"，然后单击右侧的"新建"按钮。在"新建数据库"对话框中选定"新建数据库"按钮，在弹出的"创建"对话框中输入数据库文件名，单击"保存"按钮，进入数据库设计器。

2）数据库的打开

① 使用命令：

OPEN DATABASE <数据库名>

注意：该命令打开指定的数据库文件，但并不打开数据库设计器。

② 利用菜单：选择"文件"→"打开"选项，在弹出的"打开"对话框的"文件类型"下拉列表框中选定"数据库"，在文件列表框中选定要打开的文件，单击"确定"按钮。

③ 在项目管理器中：打开项目管理器，在"数据"选项卡中选定已创建的"数据库"，然后单击右侧的"打开"按钮。

3）指定当前数据库

① 使用命令：

SET DATABASE TO <数据库名>

② 在常用工具栏的下拉列表框中单击数据库名。

4）修改数据库

修改数据库实际上是打开数据库设计器，然后在数据库设计器中进行各种数据库对象的修改。

① 使用命令：

MODIFY DATABASE <数据库名>

② 利用菜单：选择"文件"→"打开"选项，在弹出的"打开"对话框的"文件类型"下拉列表框中选定"数据库"，在文件列表框中选定要打开的文件，单击"确定"按钮，系统则自动打开数据库设计器。

③ 在项目管理器中：在项目管理器中展开数据库分支，选定要修改的数据库，单击右侧"修改"按钮即可打开数据库设计器。

5）关闭数据库

使用命令：

CLOSE DATABASE 或 CLOSE ALL

注意：前一个命令关闭的是当前数据库，后一个命令是关闭所有已打开的数据库。

6）删除数据库

使用命令：

DELETE DATABASE <数据库名> [DELETETABLES]

注意：要删除的数据库必须处于关闭状态。无 DELETETABLES 选项时，只删除数据库，数据库中的表将变成自由表。

2. 数据库表的操作

1）建立数据表结构

① 使用命令：

CREATE

此命令进入表设计器，在表设计器中输入数据表结构的各项信息。

② 利用菜单：选择"文件"→"新建"选项，在弹出的"新建"对话框中选定文件类型为"表"，单击"新建文件"按钮，进入到表设计器。

2）记录的输入（编辑方式和浏览方式）

① 创建数据表结构完成时，提示"现在输入数据记录吗?"，单击"是"按钮，则进入数据表编辑窗口，在此窗口中进行记录的输入。

② 使用命令：

APPEND

此命令在数据表尾部追加记录。

③ 利用菜单：单击"表"菜单中"追加新记录"选项或单击"显示"菜单中"追加方式"选项。

注意：前一种方式一次只能追加一条记录，而后一种方式允许一次追加多条记录。

数据输入的要点如下：①输入的数据超过字段宽度，系统会自动截去多余的部分，并

Visual FoxPro 数据库操作

将光标移至下一个字段,若输入数据不足字段宽度,需按回车键或 Tab 键才能把光标移到下一个字段;②输入的数据必须与字段类型一致,否则系统将拒绝接收;③逻辑型字段宽度为 1,它只能接受.T.、.Y.、.F.、.N. 这 4 个字母之一(不区分大小写),而日期型数据必须与系统日期格式相符;④备注型和通用型字段数据的值将在一个专用的编辑窗口中输入并编辑,处理结束后关闭此编辑窗口,系统自动将其值保存在与数据表文件同名,扩展名为.fpt 的备注文件中。

3) 修改数据表结构

① 使用命令:

```
MODIFY STRUCTURE
```

② 利用菜单:单击"显示"菜单中"表设计器"选项。

③ 在项目管理器中:在项目管理器中选定要修改的数据表,单击右侧"修改"按钮即可。

4) 显示数据表结构

① 使用命令:

```
LIST STRUCTURE 或 DISPLAY STRUCTURE
```

此命令是在主窗口显示数据表的结构。

② 利用菜单:单击"显示"菜单中"表设计器"选项,在表设计器窗口显示数据表的结构。

5) 打开数据表文件

① 使用命令:

```
USE <表文件名>
```

② 利用菜单:单击"文件"菜单中"打开"选项,在弹出的"打开"对话框的"文件类型"下拉列表框中选择"表",在文件列表框中选定要打开的表文件,单击"确定"按钮。

6) 记录指针的定位

记录指针指向的记录称为当前记录。数据表刚打开时,记录指针自动指向首记录。

① 使用命令:

```
GO 记录号              && 绝对定位
SKIP n                && 相对定位,n 可为一正整数或负整数
LOCATE FOR <条件>       && 条件定位
```

② 利用菜单:当打开的数据表处于浏览、编辑、追加等状态时,利用"表"菜单的"转到记录"选项,单击其级联菜单中的"第一个、最后一个、下一个、前一个、记录号、定位"等选项进行指针定位。

7) 状态测试函数 RECNO()、BOF()、EOF()、FOUND() 的使用

• RECNO():检测当前记录的记录号。

• BOF():检测记录指针是否指向表文件头。

• EOF():检测记录指针是否指向表文件尾。

• FOUND():检测 LOCATE 命令执行后,是否有满足条件的记录。

8）查看数据表内容

① 使用命令：

LIST、DISPLAY 或 BROWSE

② 利用菜单：选择"显示"→"浏览"选项，可采用浏览窗口与编辑窗口方式操作。

9）修改记录

① 交互方式修改记录：使用 BROWSE、CHANGE、EDIT 命令。

② 命令式替换修改记录：使用 REPLACE 命令。

10）插入记录

使用命令：

INSERT

11）记录的逻辑删除和恢复

① 使用命令：逻辑删除使用 DELETE 命令，逻辑删除记录的恢复使用 RECALL 命令。

② 利用菜单：选择"表"→"删除记录"和"恢复记录"选项。

12）记录的物理删除

① 使用命令：将所有打了删除标记的记录物理删除，使用 PACK 命令。物理删除全部记录，使用 ZAP 命令。

② 利用菜单：单击"表"菜单中"彻底删除"选项。

13）数据表结构和数据表记录的复制

复制数据表结构：使用 COPY STRUCTURE 命令。

复制数据表文件：使用 COPY TO 命令。

3．排序与索引

排序和索引的目的是为了加快数据表记录的检索、显示、查询和打印速度。

1）数据表的排序

排序是从物理上对数据表进行整理，按照指定的关键字段来重新排列数据表中的记录数据，产生一个新的数据表。

使用命令：

SORT TO ＜新表文件名＞ ON ＜字段名 1＞[/A][/D][/C][,＜字段名 2＞[/A][/D][/C]…][＜范围＞]
[FOR ＜条件＞][FIELDS ＜字段名表＞][ASCENDING][DESCENDING]

2）数据表的索引

索引是从逻辑上对数据表加以整理，为数据表建立索引文件。索引文件是一个二维表，只存储索引关键字值及其对应的记录号。

（1）索引文件的分类。根据索引文件含有的索引标识的多少可以分为：单索引文件（.idx）和复合索引文件（.cdx）。

复合索引文件又分为结构复合索引文件和非结构（或称独立）复合索引文件。

（2）索引的分类。根据关键字索引分为四种：

① 主索引，用于主关键字段，只能在数据库表中建立而不能在自由表中建立；

Visual FoxPro 数据库操作

② 候选索引,用于那些不作为主关键字段,但字段值又必须唯一的字段;

③ 唯一索引,用于一些特殊的程序设计;

④ 普通索引,用于一般地提高查询速度。

(3) 索引文件的创建。

① 使用表设计器创建单字段索引和复合字段索引。

② 使用以下命令建立单索引文件。

INDEX ON <关键字表达式> TO <索引文件名>[UNIQUE]

③ 使用以下命令建立结构复合索引文件。

INDEX ON <关键字表达式> TAG <标识名> [UNIQUE][CANDIDATE][ASCENDING|DESCENDING]

(4) 设置当前(主控)索引。

SET ORDER TO <索引序号>|[TAG] <索引标识名>[ASCENDING|DESCENDING]

(5) 打开表的同时指定当前索引。

USE <表文件名> ORDER [TAG] <索引标识名>

(6) 删除索引。

① 使用表设计器。

② 使用命令:

DELETE TAG <索引标识名>或 DELETE TAG ALL

(7) 重新索引。

使用命令:

REINDEX

4. 数据完整性

1) 数据库表之间的永久关系

永久关系是为保证数据完整性而建立的数据库表之间的联系,它们存储在数据库文件中,不需要每次使用时都重建,只要不作删除就一直保存,因此称为永久关系。

2) Visual FoxPro 支持的表间关系

表间关系分为一对一、一对多和多对多 3 种。Visual FoxPro 支持的表间关系有一对一关系和一对多关系。对于多对多关系,则将其分解成多个一对多关系。

3) 创建永久关系

要在两个一对多关系的表之间建立永久关系,父表必须以相关联的字段建立主索引或候选索引,子表必须以相关联的字段建立普通索引或唯一索引。打开数据库,在数据库设计器中,选定父表中要关联的索引名,把它拖到相关子表匹配的索引名上即可。

4) 数据完整性(三级)

(1) 数据库表的有效性规则,包括字段级有效性规则和记录级有效性规则。它是通过一个与字段或记录相关的逻辑表达式对用户输入的值加以限制,提供数据有效性检查,只在数据库表中存在,存储在数据库文件中。

（2）触发器（记录级）。触发器限制对已经存在的记录进行非法操作。在插入、删除、更新时激活触发器,对操作进行合法性检查。

（3）参照完整性（表间）。在永久关系的基础上设置表间完整性规则。参照完整性应满足如下 3 个规则：

① 在关联的数据表间,子表中的每一个记录在对应的父表中都必须有一个父记录；

② 对子表作插入记录操作时,必须确保父表中存在一个父记录；

③ 对父表作删除记录操作时,其对应的子表中必须没有子记录存在。

在"参照完整性生成器"对话框中包含"更新规则"、"删除规则"和"插入规则"3 个标签。

5. 数据库表与自由表的转换及临时关系的创建

1）将自由表添加为数据库表

① 使用命令：

ADD TABLE ＜自由表名＞

② 利用菜单：打开数据库设计器,选择"数据库"→"添加表"选项,在"打开"对话框中选定要添加到数据库的自由表。

2）从数据库中移去或删除数据表

① 使用命令：

REMOVE TABLE ＜数据表名＞ [DELETE]

注意：无 DELETE 选项,只是从数据库中移去表,使之成为自由表；如果有DELETE 选项,表示从数据库中移去表的同时从磁盘上删除该表。

② 利用菜单：打开数据库设计器,选定要移出或删除的一个表,选择"数据库"→"移去"选项,在弹出的对话框中单击"移去",表示将表从数据库中移去,使之成为自由表；单击"删除",则表示从磁盘上彻底删除该表。

3）指定工作区

使用命令：

SELECT ＜别名＞｜＜工作区号＞

4）建立数据表之间的临时关系

① 建立一对一关系的命令：

SET RELATION TO[＜关键字表达式＞｜＜数值表达式＞][INTO＜别名＞｜＜工作区号＞][ADDITIVE]

② 建立一对多关系的命令：

SET SKIP TO [＜别名 1＞[,＜别名 2＞]...]

5）临时关系的取消

使用命令：

Visual FoxPro 数据库操作

SET RELATION TO 或 SET RELATION OFF INTO＜别名＞｜＜工作区号＞

下面是本章的上机实验。

4.2　实验 4-1　数据库及数据库表的建立

【实验目的】

(1) 掌握数据库的创建、打开和关闭等基本操作。

(2) 掌握数据表结构的创建和修改方法。

(3) 掌握记录的输入方法。

(4) 掌握备注型字段和通用型字段的编辑方法。

【实验内容及步骤】

实验准备：

① 下载"vfp 实验素材"到 E 盘并解压缩。

② 设置当前工作目录为 E:\vfp 实验素材\实验 4-1。

1. 创建数据库（三种方法）

1) 用命令方式创建"教学管理"数据库

① 在命令窗口中输入命令：

CREATE DATABASE 教学管理

② 在命令窗口中输入命令：

MODIFY DATABASE

打开"数据库设计器-教学管理"窗口，如图 4-1 所示。

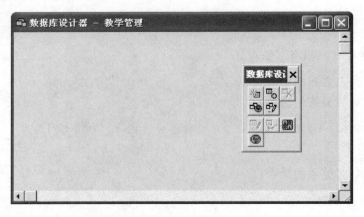

图 4-1　"数据库设计器"窗口

③ 单击窗口右上角的关闭按钮关闭该窗口。

2）用菜单方式创建 jxgl 数据库

① 选择"文件"→"新建"选项，弹出"新建"对话框。

② 在"新建"对话框中选定文件类型为"数据库"，单击"新建文件"按钮，弹出如图 4-2 所示的"创建"对话框。

图 4-2 "创建"对话框

③ 在"数据库名"文本框中输入 jxgl，单击"保存"按钮，显示"数据库设计器-jxgl"窗口。

④ 单击窗口右上角的关闭按钮关闭该窗口。

3）在项目管理器中创建 jxsj 数据库

① 选择"文件"→"打开"选项，弹出"打开"对话框。

② 在"打开"对话框中选定"教学管理系统.pjx"，单击"确定"按钮，则打开了"教学管理系统"项目管理器。

③ 在"数据"选项卡中选定"数据库"，然后单击右侧"新建"按钮。

④ 在"新建数据库"对话框中选定"新建数据库"按钮，弹出"创建"对话框。

⑤ 在"数据库名"文本框中输入 jxsj，单击"保存"按钮，显示"数据库设计器-jxsj"窗口。

⑥ 单击窗口右上角的关闭按钮关闭该窗口。

4）在项目管理器中添加数据库

用前两种方式创建的数据库不会自动包含在项目中。

① 打开"教学管理系统"项目管理器。在"数据"选项卡中选定"数据库"，然后单击"添加"按钮，弹出"打开"对话框，如图 4-3 所示。

② 在"打开"对话框中选定"教学管理.dbc"，单击"确定"按钮。

③ 用同样的方法添加 jxgl.dbc 数据库。

5）关闭所有数据库

使用命令：

```
CLOSE DATABASE ALL
```

Visual FoxPro 数据库操作

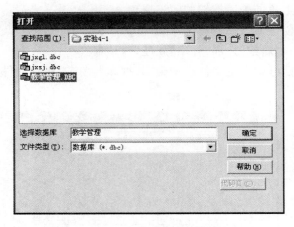

图 4-3　"打开"对话框

2. 建立数据表（三种方法）

1）用命令方式建立数据表 xs.dbf

① 在命令窗口中输入：

OPEN DATABASE 教学管理

打开"教学管理"数据库。

② 输入命令：

CREATE xs

进入"表设计器 —xs.dbf"对话框。

③ 按照表 4-1 提供的信息在表设计器中依次输入学生表结构的各项信息，设置效果如图 4-4 所示。

表 4-1　xs 表结构

字 段 名 称	字 段 类 型	字 段 大 小	说　明
xh	字符型	10	学生的学号
xm	字符型	6	学生姓名
xb	字符型	2	学生性别
bjbh	字符型	8	学生所属班级的编号
zydh	字符型	6	学生所属专业的编号
xdh	字符型	2	学生所在院系的编号
jg	字符型	10	学生的籍贯
csrq	日期型	8	学生的出生日期
jl	备注型	4	学生的简历
zp	通用型	4	学生的照片

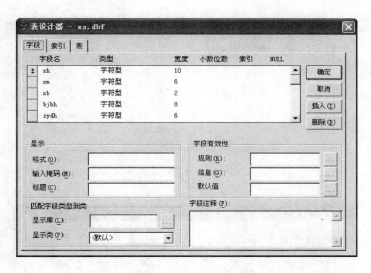

图 4-4 "表设计器—xs.dbf"对话框

即在"字段名"栏中输入 xh 后,单击"类型"栏或按 Tab 键,光标移至"类型"栏,单击右侧下拉按钮,选定"字符型",再将光标移至"宽度"栏,在其中输入 10(或利用微调按钮,设置宽度为 10)。再将光标移至 xh 下面的字段名栏,输入 xm,类型选定"字符型",宽度设置为 6;依次添加表 4-1 所示的其余 8 个字段。

注意:在字段名、类型、宽度的切换过程中,若按了 Enter 键,则结束数据表结构的建立。

④ 输入完毕,单击"确定"按钮,保存 xs.dbf 表结构,系统将弹出提示对话框,如图 4-5 所示。

图 4-5 输入数据提示对话框

单击"是"按钮,进入图 4-6 所示的 xs 表数据输入窗口,便可以向数据表中输入数据了。在图 4-6 所示的窗口中,显示了当前数据表中记录的全部字段名,各字段的排列次序及字段名右侧的文本区宽度都与表结构定义相符。日期型字段的两个"/"间隔符已在相应的位置标出,备注型字段中已填 memo 标志,意味着将用另外的方法来输入有关的数据,通用型字段则显示 gen。

⑤ 按图 4-7 所示数据在如图 4-6 的编辑窗口中输入 xs 表记录数据。

Visual FoxPro 数据库操作

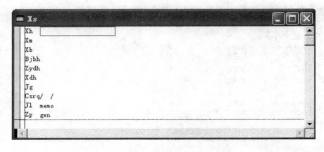

图 4-6　Xs 表数据输入窗口

Xh	Xm	Xb	Bjbh	Zydh	Xdh	Jg	Csrq	Jl	Zp
0604010230	张燕军	男	06040102	S0401	04	山东威海	10/09/82	memo	gen
0604010240	刘宪法	女	06040102	S0401	04	湖南长沙	09/06/81	memo	gen
0604010120	刘强	男	06040101	S0401	04	山东青岛	11/08/81	memo	gen
0803010145	葛成法	男	08030101	S0301	03	上海崇明	05/04/82	memo	gen
0803010127	黄大华	男	08030101	S0301	03	山东威海	08/05/80	memo	gen
0603010111	储莲元	男	06030101	S0301	03	福建福州	09/01/81	memo	gen
0601010111	刘薇玉	女	06010101	S0101	01	广东广州	07/02/82	memo	gen

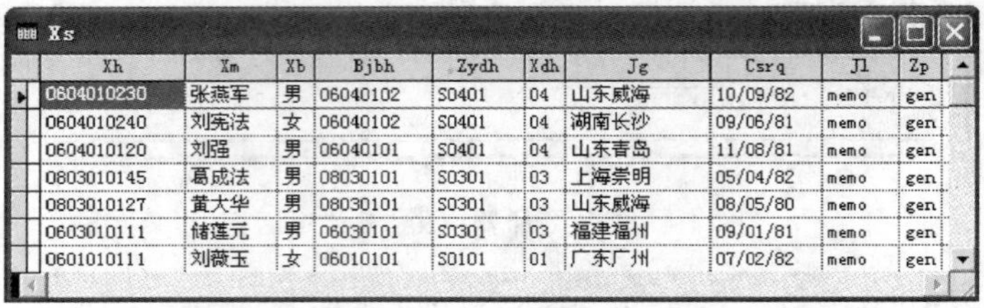

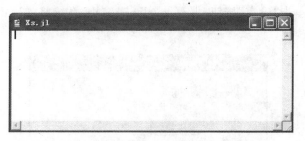

图 4-7　Xs 表数据

⑥ 备注型字段数据的输入。光标定位于 memo，按 Ctrl＋PgDn、Ctrl＋PgUp、Ctrl＋Home 等组合键中的一个或双击鼠标左键，屏幕弹出如图 4-8 所示备注型字段编辑窗口，在该窗口中输入"2007 学年获得校二等奖学金。"，编辑数据后按 Ctrl＋W 键存盘，或直接单击窗口右上角的关闭按钮。

图 4-8　备注型字段编辑窗口

⑦ 通用型字段数据的输入。通用型字段是用于存储 OLE 对象的，如图像、声音、电子表格和字处理文档等。

光标定位于 gen，按 Ctrl＋PgDn、Ctrl＋PgUp、Ctrl＋Home 等组合键中的一个或双击鼠标左键，屏幕弹出通用型字段编辑窗口，单击"编辑"菜单中"插入对象"选项，弹出"插入对象"对话框，如图 4-9 所示。如果选定了"新建"，在"对象类型"列表框中需要选定插入的对象类型，则进入创建一个对象的窗口，在对象创建好之后，退出此窗口即可。如果选定了"由文件创建"则进入另一个"插入对象"对话框，如图 4-10 所示，输入要插入的文件名 p101.jpg，或者单击"浏览"按钮，选择需要的文件，再单击"确定"按钮。

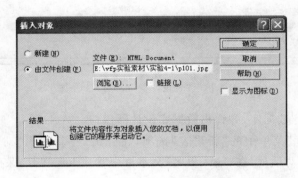

图 4-9　"插入对象"对话框(1)

图 4-10　"插入对象"对话框(2)

备注型或通用型字段数据输入后,该记录的 memo 或 gen 变为 Memo 或 Gen。

2) 利用"文件"菜单建立数据表 cj. dbf

① 单击"文件"菜单中"打开"选项,在弹出的"打开"对话框中"文件类型"下拉列表框里选定"数据库",在"文件"列表框里选定"教学管理.dbc",单击"确定"按钮。则打开了"教学管理"数据库。

② 单击"文件"菜单中"新建"选项,弹出"新建"对话框。

③ 选定"新建"对话框中的"表"选项,单击"新建文件"按钮,弹出"创建"对话框。

④ 在"输入表名"文本框中输入 cj,单击"保存"按钮,打开"表设计器 -cj.dbf"窗口,按照图 4-11 所示依次输入成绩表结构的各项信息。

⑤ 输入完毕,单击"确定"按钮,保存 cj 表结构,系统将弹出提示对话框,如图 4-5 所示,单击"否"按钮。此时创建的 cj 表是一个只有结构没有数据的空表,后面将通过添加记录的操作向表中输入数据。

3) 利用"数据库"菜单建立数据表 kc. dbf

① 在命令窗口输入命令:

```
OPEN DATABASE 教学管理
MODIFY DATABASE
```

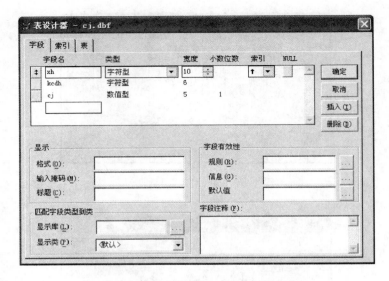

图 4-11 "表设计器-cj.dbf"对话框

打开"教学管理"数据库,并弹出数据库设计器窗口。

② 单击"数据库"菜单中的"新建表"选项,在弹出的"新建表"对话框中,单击"新建表"按钮打开"创建"对话框,在"输入表名"文本框中输入 kc,单击"保存"按钮,打开"表设计器 -kc.dbf"窗口。

③ 在表设计器中按照图 4-12 所示依次输入 kc 表结构的各项信息。

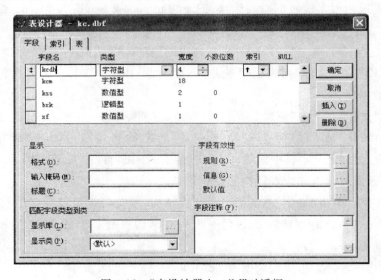

图 4-12 "表设计器-kc.dbf"对话框

④ 按照图 4-13 所示输入记录内容。

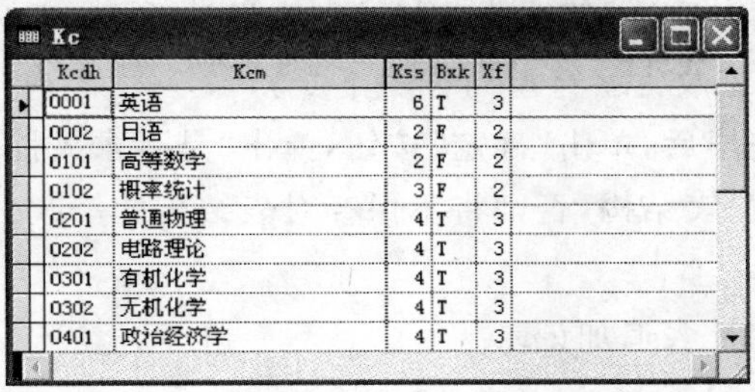

图 4-13　Kc 表数据

3. 查看数据表结构

1）用命令方式显示 xs 表结构

在命令窗口中输入命令：

```
USE XS
MODIFY STRUCTURE
```

则打开"表设计器-xs.dbf"窗口显示 xs 表的结构。

2）通过项目管理器查看 cj 表结构

在"教学管理系统"项目中选中 cj 表，单击右侧的"修改"按钮，则打开了"表设计器-cj.dbf"窗口，其中显示 cj 表的结构。

4. 修改数据表结构

打开了表设计器窗口，不仅可以查看数据表的结构，还可以通过交互方式修改数据表结构。如插入或删除字段，更改字段名、字段类型和宽度等。

注意：在更改数据类型时，有些字段的数据会丢失，将字段宽度改小时，也可能会丢失一部分数据。

1）用命令方式修改 xs 表结构

① 在命令窗口中输入：

```
USE XS
MODIFY STRUCTURE
```

② 在 csrq 字段的前面插入 rxcj（入学成绩）字段，类型选定"数值型"，宽度设置为 5，小数位数设置为 1。

2）用菜单方式修改 kc 表结构

① 打开"kc"表。

选择"文件"→"打开"选项，在弹出的"打开"对话框中"文件类型"下拉列表框里选定"表"，在"文件"列表框里选定 kc.dbf，选中"打开"对话框下方的"独占"复选框，单击"确定"按钮。

注意：在"打开"对话框中必须选定"独占"复选框，否则不能修改数据表结构。

② 选择"显示"→"表设计器"选项，则打开"表设计器-kc.dbf"窗口显示 kc 表的结构。

③ 将 xf 字段的类型改为字符型而长度不变。

数据表结构修改完毕后，单击"确定"按钮，弹出"是否永久性地更改表结构？"对话框，单击"是"，保存新的数据表结构，否则将不保存对表结构的修改。

5. 追加记录

（1）用命令方式为 cj 表追加记录

① 在命令窗口中输入命令：

```
USE CJ
APPEND
```

② 在编辑窗口中输入 cj 表记录数据：

```
0806020177        0002        78
```

③ 按 Ctrl＋W 组合键或单击窗口右上角关闭按钮存盘返回命令窗口。

（2）用菜单方式为 cj 表追加记录

① 打开 cj 表的"浏览"窗口。即在命令窗口中输入：

```
USE CJ
BROWSE
```

② 单击"表"菜单中的"追加新记录"选项。在 cj 表的末尾将添加一条空记录，输入相应的记录内容即可。

注意："表"菜单中的"追加新记录"选项一次只能追加一条记录，要想一次追加多条记录应选择"显示"菜单中的"追加方式"选项。

③ 单击"显示"菜单中的"追加方式"选项，给 Cj 表追加如图 4-14 所示的记录内容。

图 4-14   Cj 表数据

4.3 实验 4-2 数据库表记录的查看与维护

【实验目的】

（1）掌握记录指针的定位方法。

（2）掌握查看数据表记录的基本方法。

（3）掌握数据表记录的插入、删除和修改操作。

【实验内容及步骤】

实验准备：

① 下载"vfp 实验素材"到 E 盘并解压缩。

② 设置当前工作目录为 E:\vfp 实验素材\实验 4-2。

1. 记录指针的操作

在数据库应用中，有时需要将记录指针定位到某个记录上，然后对其进行处理。在 Visual FoxPro 中使用 GO 命令、SKIP 命令和 LOCATE 命令来定位记录指针。用函数 RECNO()可以获得当前记录号，用 BOF()与 EOF()函数来测试记录指针是否移动到文件头或是否指向文件尾。

（1）输入以下命令并记录其结果

```
USE xs
?RECNO()                  && 显示结果为_____
GO BOTTOM
?RECNO()                  && 显示结果为_____
GO TOP
?RECNO()                  && 显示结果为_____
SKIP 2
?RECNO()                  && 显示结果为_____
SKIP 3 + 1
?RECNO()                  && 显示结果为_____
SKIP -2
?RECNO()                  && 显示结果为_____
SKIP
?RECNO()                  && 显示结果为_____
```

（2）输入以下命令并记录其结果

```
USE xs
?BOF(),EOF(),RECNO()      && 显示结果为_____
SKIP -1
?BOF(),EOF(),RECNO()      && 显示结果为_____
```

```
GO BOTTOM
SKIP
?BOF(),EOF(),RECNO()                    && 显示结果为＿＿＿＿＿＿＿＿＿
LIST
?BOF(),EOF(),RECNO()                    && 显示结果为＿＿＿＿＿＿＿＿＿
```

（3）在 xs 表中将记录指针移动到第一个籍贯为"江苏扬州"的记录

```
USE xs
LOCATE FOR jg = "江苏扬州"
DISPLAY
?RECNO(),FOUND(),EOF()                  && 显示结果为＿＿＿＿＿＿＿＿＿
```

（4）将记录指针移动到下一个籍贯为"江苏扬州"的记录

```
CONTINUE                                && 状态栏显示＿＿＿＿＿＿＿＿＿
DISPLAY
?RECNO(),FOUND(),EOF()                  && 显示结果为＿＿＿＿＿＿＿＿＿
USE
```

注意：上述命令中的问号、逗号及括号都只能用英文方式输入。

（5）通过菜单方式实现记录的定位

① 打开 xs 表，使其处于浏览或编辑状态，在菜单栏中会出现"表"菜单。

② 选择"表"→"转到记录"选项，弹出级联菜单，如图 4-15 所示，根据需要进行选择。

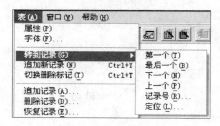

图 4-15 "转到记录"的级联菜单

2. 查看记录

1）用 LIST、DISPLAY 命令查看 xs 表记录

注意：在此方式下，只能显示数据表记录，不能对数据表记录进行修改。

打开 xs 表，在命令窗口中执行下列命令，并填空。

```
USE xs
DISPLAY                                 && 显示的记录为＿＿＿＿＿＿＿＿＿
LIST                                    && 显示的记录为＿＿＿＿＿＿＿＿＿
DISPLAY ALL                             && 显示的记录为＿＿＿＿＿＿＿＿＿
DISPLAY ALL 与 LIST 命令的区别是 ＿＿＿＿＿＿＿＿＿＿＿＿＿＿＿＿＿＿．
```

2) 在浏览窗口或编辑窗口中显示数据表记录

数据表的显示模式有两种方式：浏览窗口和编辑窗口。在对数据进行各种操作时，用的较多的是浏览窗口。

① 用 BROWSE 命令打开浏览窗口。

```
USE xs
BROWSE
BROWSE FIELD xh,xm,xb
```

② 用菜单方式进入浏览或编辑窗口。

选择"显示"→"编辑"命令选项，可以在编辑窗口中显示数据表记录，再选择"显示"→"浏览"命令选项，可以在浏览窗口中显示数据表记录。

3. 修改数据表记录

(1) 在浏览或编辑窗口中用交互方式完成记录数据的修改

打开 xs 表，单击"显示"菜单中"浏览"或"编辑"选项，弹出 xs 表的浏览窗口或编辑窗口，在浏览或编辑窗口中可对记录数据进行相应的修改。

(2) 通过执行 REPLACE 命令完成 cj 表中成批记录的修改

用 REPLACE 命令将 cj 表中 kcdh＝"0101"的课程成绩增加 2 分：

```
USE cj
BROWSE
REPLACE cj WITH cj＋2 FOR kcdh＝"0101"
BROWSE
```

4. 插入记录

为 xs 表追加如下记录：

```
USE xs
INSERT INTO xs(xh,xm,xb,bjbh) VALUES("0604010111","张咪","女","06040101")
BROWSE
```

5. 逻辑删除记录和恢复记录

记录的删除分为逻辑删除和物理删除，逻辑删除的记录可以恢复，而物理删除的记录不能再恢复。

1) 在浏览窗口中用交互方式删除和恢复记录

在浏览窗口中，单击字段名左边的删除标记区，使其变成黑色小方框，表示该记录已经被逻辑删除，再次单击逻辑删除标记区，使其变成白色小方框，标记就被撤销了，表示恢复记录，如图 4-16 所示。

2) 利用菜单逻辑删除和恢复记录

① 打开浏览窗口，单击第 3 条记录。

② 选择"表"→"删除记录"选项，弹出删除对话框，如图 4-17 所示。

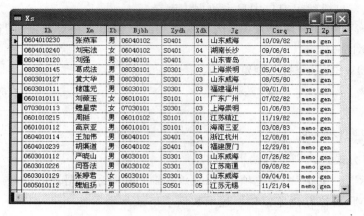

图 4-16　逻辑删除

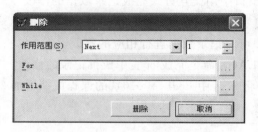

图 4-17　"删除"对话框

③ 在"作用范围"下拉列表框中选定 Next 和 1,单击"删除"按钮,逻辑删除当前记录,即第 3 条记录。

如果当前记录为 5 号记录,选定 Next 和 3,则逻辑删除的记录是 5、6、7 号记录。

④ 打开图 4-17 所示的删除对话框,逻辑删除所有男生的记录。即在 For 后面的文本框中输入逻辑表达式"xs.xb="男"",且"作用范围"选择为 All。

⑤ 恢复第④步中逻辑删除的记录。单击"表"菜单中"恢复记录"选项,弹出"恢复记录"对话框,如图 4-18 所示。在"作用范围"下拉列表中选定 All,在 For 文本框中输入"xb="男"",然后单击"恢复记录"按钮。

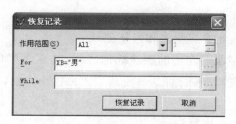

图 4-18　"恢复记录"对话框

（3）用命令逻辑删除和恢复记录

① 删除 3 号记录。

```
SELECT xs
GO 3
DELETE
BROW
```

② 用条件短语逻辑删除 xdh（系代号）为 04 的记录，命令是：

_____

③ 用范围短语逻辑删除 5 号和 6 号记录，执行下面的命令，并填空：

```
GO 5
```

_____

④ 恢复所有女同学的记录，命令是：

_____

若要恢复所有逻辑删除的记录，应使用的命令是_____。

6. 物理删除记录

如果要在浏览器中物理删除有删除标记的记录。可以使用 PACK 命令；

另外注意使用 ZAP 命令可以将数据表中的所有记录物理删除（不管记录有无删除标记）。

（1）物理删除所有带删除标记的记录。在命令窗口中输入命令：

```
PACK
```

（2）在命令窗口中输入命令：

```
DELETE All
PACK
```

执行这两个命令的效果与执行 ZAP 命令的结果相同。

（3）利用菜单删除记录

① 选择"显示"→"浏览"选项。

② 选择"表"→"彻底删除"选项，弹出提示对话框，如图 4-19 所示。

图 4-19　删除记录提示对话框

③ 单击"是"按钮，将删除所有已打上删除标记的记录，并重新构造表中余下的记录。

Visual FoxPro 数据库操作

4.4 实验 4-3 数据库表的排序和索引

【实验目的】

(1) 掌握排序命令的使用。

(2) 掌握索引的分类。

(3) 掌握索引文件的创建和使用。

【实验内容及步骤】

实验准备：

① 下载"vfp 实验素材"到 E 盘并解压缩。

② 设置当前工作目录为 E:\vfp 实验素材\实验 4-3。

1. 排序

(1) 对 xs 表按 xh 字段进行排序，排序文件名为 student1。

```
USE xs
SORT TO student1 ON xh
USE student1
BROW
```

观察显示结果。

(2) 对 xs 表排序，排序原则是先按性别升序排列，性别相同时再按出生日期降序排列，排序文件名为 student2。

```
USE xs
SORT TO student2 ON xb/A,csrq/D
USE student2
BROW
```

观察显示结果。

2. 用命令建立结构复合索引

在 xs.dbf 中建立结构复合索引文件，其中包括 3 个索引标识：

① 按学号降序排列的普通索引；

② 按性别升序排列，性别相同时按学号升序排列的普通索引；

③ 按出生日期年份升序排列的唯一索引。

命令序列如下：

```
USE xs
BROW
INDEX ON xh DESC TAG xh          && 建立按学号降序排列的普通索引
BROW                             && 记录按_____排列
```

```
INDEX ON xb + xh TAG xbxh
                              && 按性别升序排列,性别相同时按学号升序排列的普通索引
BROW                          && 记录按_____排列
INDEX ON YEAR(csrq) TAG nf UNIQ    && 按出生日期年份升序排列的唯一索引
BROW                          && 记录按_____排列
```

上面建立的索引可打开表设计器来查看。打开 xs 表设计器,选定索引选项卡,图 4-20 中显示了已建立的 3 个索引。

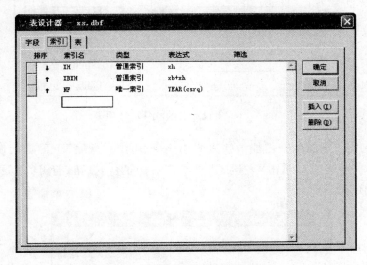

图 4-20　表设计器的"索引"选项卡

3. 通过表设计器建立结构复合索引

1) 使用"字段"选项卡建立单个字段的索引

为 xs. dbf 表建立以"csrq"为关键字升序排列的普通索引。

① 在命令窗口中输入命令:

```
USE xs
MODIFY STRUCTURE
```

打开 xs 表设计器。

② 在表设计器"字段"选项卡中,选择 csrq 字段,在"索引"列下拉组合框中选定"升序",如图 4-21 所示,则在 csrq 字段上建立了一个普通索引,索引关键字与字段同名 (csrq),索引表达式就是对应的字段(csrq)。

2) 使用"索引"选项卡建立复合字段的索引

为 xs. dbf 建立按 zydh 升序排列,zydh 相同时再按 csrq 升序排列的普通索引。

① 使用命令:

```
USE xs 和 MODIFY STRUCTURE
```

打开 xs 表的表设计器,选定"索引"选项卡。

71

第 4 章

Visual FoxPro 数据库操作

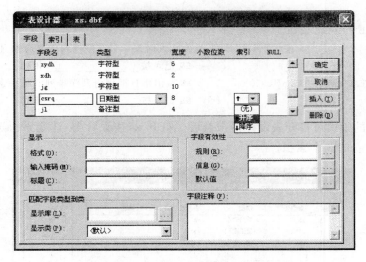

图 4-21 表设计器的"字段"选项卡

② 在"索引名"下面的空白框中输入索引名 zydh,在"排序"下面选定 ⬆ 按钮,在"类型"下面选定"普通索引",单击"表达式"文本框右边的 ▣ 按钮,打开"表达式生成器"窗口,如图 4-22 所示。

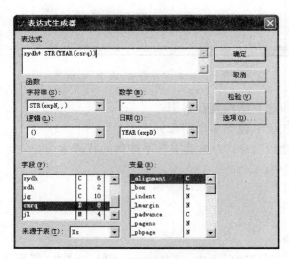

图 4-22 "表达式生成器"窗口

③ 在"字段"下拉列表框中双击 zydh,然后输入加号"+",在"字符串"下拉列表框中选定"STR(expN,,)",接着在"日期"下拉列表框中选定"YEAR(expD)",则自动将"expN"改为"YEAR(expD)",再双击"字段"列表框中的 csrq,则自动将"expD"改为 csrq,然后删除后面两个",,",就生成了索引表达式:zydh+ STR(YEAR(csrq)),单击"确定"按钮。当然这个索引表达式也可以手工直接输入在"表达式"文本框中。

④ 返回表设计器后,再次单击"确定"按钮,并在弹出的提示对话框中单击"是"按钮。则建立了按 zydh 升序排列,zydh 相同时再按 csrq 升序排列的普通索引。

另外,"索引"选项卡中的"插入"按钮用来在当前行前插入一个空行,以供建立新索引,"删除"按钮则用于删除选定的索引。

4. 设置主控索引

关闭所有文件,分别执行下列命令,注意浏览窗口记录的显示顺序,学习主控索引的设置及使用。

```
USE xs ORDER TAG csrq              && 设置主控索引
BROWSE
SET ORDER TO xbxh                  && 指定 xbxh 为主控索引
BROWSE                             && 注意浏览窗口记录排列顺序的变化
SET ORDE TO                        && 取消主控索引
BROWSE
```

4.5 实验 4-4 数据库表之间的永久关系及参照完整性

【实验目的】

(1) 熟练掌握数据库表之间的永久关系的建立方法。
(2) 熟练掌握参照完整性规则的设置方法。
(3) 掌握字段级、记录级规则和触发器的设置。

【实验内容及步骤】

实验准备:
① 下载"vfp 实验素材"到 E 盘并解压缩。
② 设置当前工作目录为 E:\vfp 实验素材\实验 4-4。

1. 永久关系的创建和修改

1) 创建 xs.dbf、cj.dbf 和 kc.dbf 三个数据表之间的永久关系

① 打开"教学管理系统"项目管理器,选择其中的"教学管理"数据库,单击右侧的"修改"按钮。

② 在"数据库设计器-教学管理"中右击 xs.dbf,在快捷菜单中单击"修改"选项,打开 xs 表的表设计器。

③ 在 xs 表设计器的"字段"选项卡中选定 xh 字段,确定索引为"升序",这时为 xh 字段建立了普通索引。

④ 在表设计器"索引"选项卡中选定 xh 字段,在"类型"下拉列表框中选定"主索引",单击"确定"按钮,在弹出的确认更改的"表设计器"窗口中单击"是"按钮。返回数据库设计器窗口。这时可见 xs 表已建主索引 xh,在标识前有一个钥匙标记。

⑤ 用类似的方法对 cj. dbf 表按 xh 和 kcdh 建立普通索引；对 kc. dbf 表按 kcdh 建立主索引。

⑥ 选定 xs. dbf 中的主索引 xh，按住鼠标左键不放，拖到 cj. dbf 的普通索引 xh 上，在数据库设计器中可见两表之间出现了一条连线，表示两表之间建立了一个永久关系。用类似的方法在 kc. dbf 与 cj. dbf 之间按 kcdh 建立永久关系，如图 4-23 所示。

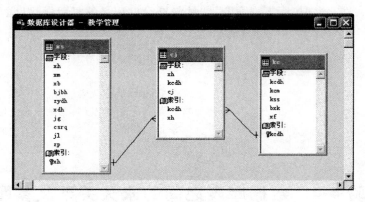

图 4-23   xs 表、cj 表和 kc 表之间的永久关系

2）修改和删除数据表之间的永久关系

① 若要修改永久关联，可右键单击需要修改的关联连线，该连线变粗，并弹出快捷菜单，从中选择"编辑关系"，可修改两表之间的关系。

② 若要删除永久关联，可右键单击需要修改的关联连线，该连线变粗，并弹出快捷菜单，从中选择"删除关系"，可删除两表之间的关系。

2. 有效性规则设置

对"教学管理"数据库中的 xs、cj 和 kc 三个表进行有效性规则设置，以保证数据完整性。

（1）为 xs 表中的 xb（性别）字段设置一个有效性规则，要求输入的 xb 为"男"或"女"。

① 打开"教学管理系统"项目管理器，选择其中的"教学管理"数据库，单击右侧的"修改"按钮。

② 在"数据库设计器-教学管理"中右击 xs 表，单击"修改"打开表设计器，选择"字段"选项卡，单击"xb"字段，在"规则"框中输入："xb＝"男" or xb＝"女""；在"信息"框中输入："'性别只能是"男"或"女"。'；"在默认值框中输入："男"，如图 4-24 所示。单击"确定"按钮完成设置。

（2）为 cj 表中的 cj 字段设置一个有效性规则。要求输入的成绩在 0～100 之间。默认成绩值是 60。

在"数据库设计器-教学管理"中右击 cj 表，然后单击"修改"按钮，打开 cj 表的表设计器，选择"字段"选项卡，单击 cj 字段，在规则框中输入：cj＞＝0 AND cj＜＝100；在信息框中输入："成绩必须在 0～100 之间！"；在"默认值"框中输入：60；在"输入掩码框"中输入：999.9，如图 4-25 所示。单击"确定"按钮完成设置。

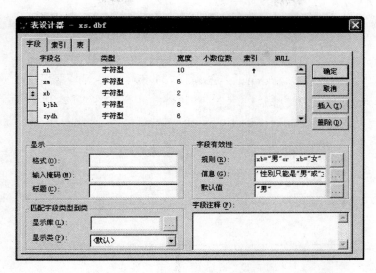

图 4-24　xs 表 xb 字段的有效性规则

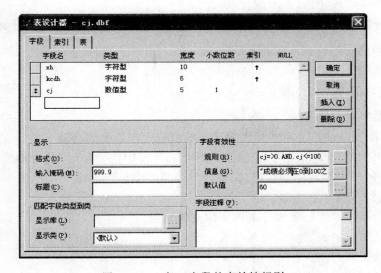

图 4-25　cj 表 cj 字段的有效性规则

（3）为 kc 表设置一个记录有效性规则，要求学分小于等于 8。

打开 kc.dbf 的表设计器，选择"表"选项卡，在"规则框"中输入：xf＜＝8；在"信息"框中输入："一门课程的学分不能超过 8!"，如图 4-26 所示。单击"确定"按钮完成设置。

（4）验证有效性规则

① 在命令窗口先后执行 USE kc 和 APPEND 命令，在编辑窗口输入记录：

```
Kcdh    Kcm    Kss    Bxk    xf
0204    多媒体    36    .T.    9
```

Visual FoxPro 数据库操作

图 4-26　kc 表的记录有效性规则

② 单击"关闭"按钮后,会出现什么情况。

③ 在命令窗口先后执行 USE cj 和 APPEND 命令,在编辑窗口输入记录:

```
xh          Kcdh  cj
0601010111  0102  120
```

④ 单击关闭按钮后,会出现什么情况。

3. 建立参照完整性规则

分析:参照完整性是关系数据库管理系统的一个很重要的功能。参照完整性涉及两个以上的表,其大概含义是当插入、修改或删除一个表中的数据时,通过参照完整性规则引用相互关联的另一个表中的数据,来检查对表的操作是否正确。

建立表间的参照完整性需要以下几个步骤:

① 在数据库中对所包含的各表建立相应的索引。

② 建立数据库中表之间的永久关系。

③ 清理数据库。

④ 设置表间的更新规则、删除规则和插入规则。

⑤ 表间参照完整性的验证。

下面为"教学管理"数据库中的 xs、cj 和 kc 三个表建立参照完整性规则。

在前面已经创建了 xs.dbf、cj.dbf 和 kc.dbf 三个数据表之间的永久关系。在此基础上做以下几步操作。

① 选择"数据库"→"清理数据库"选项,清理数据库。

注意:数据库必须以独占方式打开,且数据库中的所有表必须关闭。可通过选择"窗口"→"数据工作期"选项,打开"数据工作期"窗口,来关闭已打开的表。

② 单击"数据库"菜单中"编辑参照完整性"选项,打开"参照完整性生成器",将所有"更新规则"和"删除规则"设置为"级联",将所有"插入规则"设置为"限制",如图 4-27 所示。

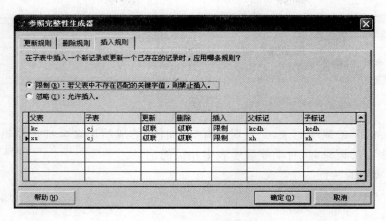

图 4-27　参照完整性规则

③ 单击"确定"按钮,弹出提示对话框,单击"是"按钮,弹出提示对话框,再次单击"是"按钮,完成参照完整性规则的设置。

4. 参照完整性的验证

1) 更新规则的验证

① 在"数据库设计器-教学管理"中右击 xs 表,再单击"浏览"选项,查看并记住"王加伟"的学号"0604010114",然后关闭 xs 表的浏览窗口。

② 在命令窗口中输入:

```
USE cj
SET ORDER TO xh
BROWSE
```

查看学号为"0604010114"的学生有几门功课的成绩并关闭该窗口。

③ 在命令窗口中输入:

```
USE xs
BROWSE
```

在"浏览"窗口中,将"王加伟"的学号 0604010114 修改为 0604010188,并关闭该窗口。

④ 在命令窗口中输入:

```
SELECT cj
BROWSE
```

可以发现所有"王加伟"的成绩记录中 xh 字段的值都被修改为 0604010188。这说明修改父表中的主关键字时,自动修改子表中相关的所有记录。

2) 删除规则的验证

① 在命令窗口中输入:

```
SELECT xs
DELETE FOR XM = "王加伟"                    && 逻辑删除"王加伟"的记录
```

```
BROWSE
USE
```

② 在命令窗口中输入：

```
SELECT cj
BROWSE
```

检查"王加伟"的成绩记录，会发现所有"王加伟"的成绩记录全都被逻辑删除了。这说明删除父表中的记录时，自动删除子表中相关的记录。

3）插入规则的验证

① 在命令窗口中输入：

```
SELECT cj
INSERT INTO CJ(xh,kcdh,cj) VALUES("0601010111","0201",98)
BROWSE
```

关闭浏览窗口，插入成功。因为 xs 表中有这个学号存在。

② 在命令窗口中输入：

```
SELECT cj
INSERT INTO CJ(xh,kcdh,cj) VALUES("1234567890","0201",88)
BROWSE
```

关闭浏览窗口时会出现"触发器失败"错误信息，如图 4-28 所示。因为 xs 表中不存在这个学号，这说明当在子表中插入记录时，自动检查父表中是否存在相关的记录，不存在时禁止插入。

图 4-28 "触发器失败"提示对话框

4.6 实验 4-5 表的转换及临时关系的创建

【实验目的】

（1）掌握数据库表与自由表的区别以及它们之间相互转换的方法。

（2）掌握在数据库中添加表和移去表的方法。

（3）掌握建立临时关系的方法。

【实验内容及步骤】

实验准备：

① 下载"vfp 实验素材"到 E 盘并解压缩。

② 设置当前工作目录为 E:\vfp 实验素材\实验 4-5。

1. 创建自由表 zg.dbf

① 打开"教学管理系统"项目管理器。

② 选择"数据"选项卡中的"自由表"选项，建立结构如表 4-2 所示的表 zg.dbf。

表 4-2   zg.dbf 表结构

字段名称	字段类型	字段大小	小数位数	说　　明
Zgh	字符型	5		职工的编号
Xm	字符型	6		职工的姓名
Xb	字符型	2		职工的性别
Bm	字符型	8		职工所在部门
Gzrq	日期型	8		职工的工作日期
Hf	逻辑型	1		职工的婚姻状况
Jbgz	数值型	7	2	职工的基本工资

观察自由表的表设计器，思考它与数据库表的表设计器有什么区别。

③ 输入如图 4-29 所示的记录内容。

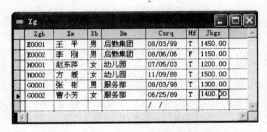

图 4-29　Zg 表数据

2. 向数据库中添加表

（1）将 zg.dbf 添加到 jxgl 数据库中

① 在命令窗口中输入：

```
OPEN DATABASE jxgl
MODIFY DATABASE
```

打开 jxgl 数据库设计器。

② 单击"数据库"菜单中"添加表"选项，在"打开"对话框中选定 zg.dbf。

或者在命令窗口中输入命令：

```
ADD TABLE zg
```

Visual FoxPro 数据库操作

使用"数据库设计器"工具栏，也可以进行添加表的操作。

（2）将 zg. dbf 表从 jxgl 数据库中移动到"教学管理"数据库中

① 调整"数据库设计器-jxgl"与"数据库设计器-教学管理"窗口大小，在屏幕上同时显示出这两个数据库设计器的窗口。

② 在"数据库设计器-jxgl"中单击 zg. dbf，此时该表的标题栏变为深蓝色，表明该表已被选定。

③ 单击"数据库"菜单中"移去"选项。

④ 在弹出的提示对话框中单击"移去"按钮，表示要从 jxgl 数据库中将 zg. dbf 表移去。

⑤ 在出现的新提示对话框中单击"是"按钮，使之变成一个自由表。

⑥ 单击"数据库设计器-教学管理"窗口的空白处，将它指定为当前数据库。

⑦ 单击"数据库"菜单中"添加表"按钮，在"打开"对话框中选定 zg. dbf，单击"确定"按钮，该表即添加到"教学管理"数据库中。

⑧ 关闭"数据库设计器-教学管理"窗口，关闭"数据库设计器-jxgl"窗口。

3. 建立临时关系

建立临时关系有两种方法，一种是在"数据工作期"窗口中建立，另一种是通过命令方式建立。这里只介绍第二种方法。

将 xs. dbf 与 cj. dbf 按 xh 建立关系，显示每个同学的所有成绩。

```
SELECT B                        && 选择 2 号工作区
USE cj
INDEX ON xh TAG xh
SELECT A                        && 选择 1 号工作区
USE xs
SET RELATION TO xh INTO B
LIST xh,xm,xb,B.kcdh,B.cj        && 观察显示结果,是否符合题目要求
SET SKIP TO B
LIST fields xh,xm,xb,B.kcdh,B.cj && 再观察显示结果,符合题目要求吗?
```

将上面的显示结果相比较，可发现 SET RELATION 命令建立的是一对一关系，因此前一个 LIST 命令只显示了每个学生的第一个成绩。SET SKIP 命令建立的是一对多关系，所以后一个 LIST 命令可以显示每个同学的所有成绩。注意 SET SKIP 命令必须在 SET RELATION 命令之后使用。

4.7　习题（含理论题与上机题）

1. 选择题

（1）创建数据库后，系统自动生成的 3 个文件的扩展名为_____。

A. .pjx .pjt .prg　　　　　　　　B. .sct .scx .spx

C. .fpt .frx .fxp   D. .dbc .dct .dcx

(2) 可以链接或嵌入 OLE 对象的字段类型是_____。

A. 备注型字段   B. 通用型和备注型字段

C. 通用型字段   D. 任何类型的字段

(3) 如果 jxsjk 数据库已经存在,则_____命令可以打开该数据库。

A. create database jxsjk   B. modify database jxsjk

C. open jxsjk   D. modify jxsjk

(4) 当成功执行以下一组命令后,以下不正确的说法是_____。

```
OPEN DATABASE jxsj
OPEN DATABASE rsda
```

A. 由于打开了第二个数据库 rsda 而使得 jxsj 数据库被关闭

B. 当前数据库是 rsda

C. 表达式 DBUSED("jxsj") AND DBUSED("rsda") 的值为 .T.

D. 当再执行 CLOSE DATABASES 命令后,jxsj 数据库没有被关闭

(5) 某打开的表中有 20 条记录,当前记录号为 8,执行命令 List Next 3 后,所显示的记录的序号为 _____。

A. 8~11   B. 9~10   C. 8~10   D. 9~11

(6) 在表中对所有记录作删除标记的命令是_____。

A. pack   B. delete all   C. recall all   D. zap

(7) 物理删除当前表中所有记录的命令是_____。

A. zap   B. delete all   C. delete table   D. pack

(8) 要为当前表中的所有职工增加 100 元工资应该使用命令_____。

A. CHANGE 工资 WITH 工资+100

B. REPLACE 工资 WITH 工资+100

C. CHANGE ALL 工资 WITH 工资+100

D. REPLACE ALL 工资 WITH 工资+100

(9) 浏览数据表的命令是_____。

A. BROWSE   B. USE   C. OPEN   D. MODIFY

(10) 如果要恢复用 DELETE 命令删除的若干条记录,应该使用_____。

A. RECALL 命令   B. 按下 Esc 键

C. RELEASE 命令   D. FOUND 命令

(11) 定位到第一条记录的命令是_____。

A. GO TOP   B. GO BOTTOM   C. GO 6   D. SKIP

(12) APPEND BLANK 命令的作用是_____。

A. 编辑记录   B. 在第一条记录前增加新记录

C. 在表尾增加一条空白记录   D. 在当前记录前增加一条空白记录

Visual FoxPro 数据库操作

(13) 要使学生数据表中不出现同名学生的记录,在数据库中需要建立_____。

A. 字段有效性限制   B. 属性设置

C. 记录有效性限制   D. 设置触发器

(14) 当执行命令:USE teacher ALIAS js IN B 后,被打开表的别名是_____。

A. teacher   B. js   C. B   D. js_b

(15) 下列操作中,不能用 MODIFY STRUCTURE 命令实现的是_____。

A. 增加数据表中的字段   B. 删除数据表中的字段

C. 修改数据表中字段的宽度   D. 删除数据表中的某些记录

(16) 假设数据表中"婚否"字段为逻辑型(已婚为逻辑真值),如果要显示所有未婚职工的情况,应该使用的命令是_____。

A. LIST FOR 婚否＝F   B. LIST FOR 婚否＝"F"

C. LIST FOR .NOT. 婚否   D. LIST FOR 婚否＝"未婚"

(17) 当打开一个数据表文件后,执行命令 SKIP －1,则命令? RECNO() 的结果是_____。

A. 0   B. 1   C. －1   D. 出错信息

(18) 在 JS.DBF 中筛选出性别为"女"的命令是_____。

A. Set Filter to xb＝"女"   B. Set Filter xb＝"女"

C. Set Fields to xb＝"女"   D. Set Filter To

(19) 打开一个空的数据表文件,用函数 RECNO() 进行测试,结果为_____。

A. 空格   B. 1   C. 错误信息   D. 0

(20) 要修改当前数据表的第 3 条记录,可使用命令_____。

A. GO 3   B. REPLACE 3   C. EDIT 3   D. BROWSE 3

(21) 当库表移出数据库后,仍然有效的是_____。

A. 字段的默认值   B. 表的验证规则

C. 结构复合索引   D. 记录的验证规则

(22) 若要控制数据表中学号字段只能输入数字,则应设置_____。

A. 显示格式   B. 字段有效性

C. 输入掩码   D. 记录的有效性

(23) 打开一个空表,分别用函数 EOF() 和 BOF() 测试,其结果一定是_____。

A. .T. 和 .T.   B. .F. 和 .F.   C. .T. 和 .F.   D. .F. 和 .T.

(24) 可以伴随着表的打开而自动打开的索引是_____。

A. 单一索引文件(.idx)   B. 复合索引文件(.cdx)

C. 结构化复合索引文件   D. 非结构化复合索引文件

(25) 在数据库设计器中,建立两个表之间的一对多关系是通过以下索引实现的_____。

A. "一方"表的主索引或候选索引,"多方"表的普通索引

B. "一方"表的主索引,"多方"表的普通索引或候选索引

C. "一方"表的普通索引，"多方"表的主索引或候选索引

D. "一方"表的普通索引，"多方"表的候选索引或普通索引

(26) 在建立唯一索引，出现重复字段值时，只存储重复出现记录的_____。

A. 第一个 B. 最后一个 C. 全部 D. 几个

(27) 下面有关索引的描述正确的是_____。

A. 建立索引以后，原来的数据库表文件中记录的物理顺序将被改变

B. 索引与数据库表的数据存储在一个文件中

C. 创建索引是创建一个指向数据库表文件记录的指针构成的文件

D. 使用索引并不能加快对表的查询操作

(28) 在表文件中，如果包含有 2 个备注型字段和 1 个通用型字段，则创建表文件后，Visual FoxPro 将自动建立_____个 FPT 文件。

A. 0 B. 1 C. 2 D. 3

(29) 建立索引时，_____字段不能作为索引字段。

A. 字符型 B. 数值型 C. 备注型 D. 日期型

(30) 数据库表可以设置字段级的有效性规则和记录级的有效性规则，其中的"规则"是一个_____。

A. 逻辑表达式 B. 字符表达式

C. 数值表达式 D. 日期表达式

(31) 下列描述中正确的是_____。

A. 组成主索引的关键字或表达式在表中不能有重复的值

B. 主索引既能用于数据库表，也可用于自由表

C. 唯一索引表示参加索引的关键字或表达式在表中有唯一值

D. 在表设计器中只能创建主索引

(32) 索引文件中的标识名最多由_____个字母、数字或下划线组成。

A. 5 B. 6 C. 8 D. 10

(33) 对于表索引操作，下列说法中_____是正确的。

A. 一个独立索引文件中可以存储一张表的多个索引

B. 主索引只能适用于自由表

C. 表文件打开时，所有复合索引文件都自动打开

D. 在 Index 命令中选用 Candidate 子句后，建立的是候选索引

(34) 建立两个表之间的临时关系，必须设置_____。

A. 外部表的主索引 B. 主表的主控索引

C. 子表的主索引 D. 子表的主控索引

(35) 若已在学生表和成绩表之间按学号建立永久关系，现要设置参照完整性：当在成绩表中添加记录时，凡是学生表中不存在的学号不允许添加，则该参照完整性应设置为_____。

A. 更新级联 B. 更新限制 C. 插入级联 D. 插入限制

（36）如果要对自由表某一字段的数据值建立唯一性保护机制（即表中所有该字段的值不重复），以下表述中正确的是_____。

A. 对该字段创建主索引　　　　　　　B. 对该字段创建唯一索引

C. 对该字段创建候选索引　　　　　　D. 对该字段创建普通索引

（37）表之间的"临时性关系"，是在两个打开的表之间建立的关系，如果两个表有一个关闭后，则该"临时性关系"_____。

A. 消失　　　　B. 临时保留　　　　C. 永久保留　　　D. 转化为永久关系

（38）在向数据库添加表的操作中，下列叙述中不正确的是_____。

A. 可以将一张自由表添加到数据库中

B. 可以将一个数据库表直接添加到另一个数据库中

C. 可以在项目管理器中将自由表拖放到数据库中使它成为数据库表

D. 欲使一个数据库表成为另一个数据库的表，则必先使其成为自由表

（39）表之间的"一对多关系"是指_____。

A. 一个表与多个表之间的关系

B. 一个表中一个记录对应另一个表中多个记录

C. 一个表中一个记录对应多个表中的一个记录

D. 一个表中一个记录对应多个表中的多个记录

（40）对职称是副教授的职工，按工资从多到少进行排序。工资相同者，按年龄从大到小排列，排序后生成的表文件名是 FGZ.DBF，应该使用的命令是_____。

A. SORT TO FGZ ON 工资/A，出生日期/D FOR 职称＝"副教授"

B. SORT TO FGZ ON 工资/D，出生日期/A FOR 职称＝"副教授"

C. SORT TO FGZ ON 工资/A，出生日期/A FOR 职称＝"副教授"

D. SORT TO FGZ ON 工资/D，出生日期/D FOR 职称＝"副教授"

（41）参照完整性的作用是_____。

A. 控制字段数据的输入

B. 控制记录中相关字段之间的数据有效性

C. 控制表中数据的完整性

D. 控制相关表之间的数据一致性

（42）要在两个相关的表之间建立永久性关系，这两个表应该是_____。

A. 同一数据库内的两个表　　　　　　B. 两个自由表

C. 一个自由表和一个数据库表　　　　D. 任意两个数据库表或自由表

（43）在创建数据库表结构时，为该表中一些字段建立普通索引，其目的是_____。

A. 改变表中记录的物理顺序　　　　　B. 为了对表进行实体完整性约束

C. 加快数据库表的更新速度　　　　　D. 加快数据库表的查询速度

（44）当前工作区是 2 区，要查看 1 区中学生数据表当前记录的学号数据，可使用命令_____。

A. ？学号　　　　B. ？A.学号　　　　C. DISPLAY　　　D. LIST

（45）除数据库表外，自由表也具有的属性是_____。

A. 记录级规则　　B. 字段级规则　　　　C. 永久关系　　　D. 临时关系

2. 填空题

（1）在 Visual FoxPro 中数据表分为_____和_____两种。

（2）建立 Visual FoxPro 数据表，首先要建立数据表结构，也就是定义各个字段的属性，包括_____、_____、_____和_____等。

（3）在 Visual FoxPro 中，数据库表可以_____数据库使之成为自由表，自由表也可以_____到数据库使之成为数据库表。

（4）创建数据库 RY 后，系统自动生成的 3 个文件为_____、_____和_____。

（5）下表所示的是 CK. DBF（银行存款表）的表结构，各字段含义依次是：账号、存入日期、存期、金额，要求账号字段允许空值。写出创建 CK 表的 SQL 语句：_____。

字　段　名	字　段　类　型	宽　　　度	小　数　位　数
ZH	字符型	15	
CRRQ	日期型	8	
CQ	数值型	2	0
JE	货币型	8	

（6）在数据输入过程中，当输入备注型字段和通用型字段时，只要在该字段处双击鼠标或直接按_____键，即可弹出一数据编辑对话框。

（7）在表的尾部增加一条空白记录的命令是_____。

（8）在字段的"显示"栏中，包括格式、标题和_____ 3 项。

（9）一个数据库表的主索引只能有_____个。

（10）参照完整性是根据表间的某些规则，使得在插入、删除和_____时，确保已定义的表间关系。

（11）将数据库表中满足一定条件的记录加删除标记，使用"表"菜单的_____命令。

（12）能一次性成批修改数据表中的记录值的命令是_____。

（13）在 JS 表中要按如下要求更改基本工资（jbgz）：

• 工龄在 10 年以下（不含 10 年）　　　　基本工资加 20；

• 工龄在 10 年至 19 年　　　　　　　　基本工资加 35；

• 工龄在 20 年以上（含 20 年）　　　　　基本工资加 50。

用一个 UPDATE 命令完成上述更改：

UPDATE js _____ jbgz = IIF(js.gl<10, _____ , IIF(_____ , jbgz + 50, jbgz + 35))

（14）在 Visual FoxPro 命令窗口中，要修改表的结构，应该输入命令_____。

（15）表设计器的字段验证中有_____、信息和默认值 3 项内容需要设定。

（16）要从磁盘上一次性彻底删除全部记录，可以使用_____命令。

（17）设 JS 表的表结构为：工号（GH,C,6）、姓名（XM,C,8）、工龄（GL,N,2）和出生日

期(CSRQ,D,8)。要删除教师表中年龄在 60 岁以上(不含 60 岁)的教师记录,可使用命令:

```
DELETE FROM js WHERE _____
```

(18) 记录的定位方式有:_____定位、_____定位和条件定位 3 种。

(19) 数据库表的索引类型包括_____、_____、_____和_____ 4 种。

(20) Visual FoxPro 的数据库表之间有一对一、一对多和_____关系。

(21) 如果一个数据库表的 DELETE 触发器设置为.F.,则不允许对该表作_____记录的操作。

(22) 同一个表的多个索引可以创建在同一个索引文件中,索引文件名与相关的表同名,索引文件的扩展名是_____,这种索引称为_____。

(23) 打开一个表时,_____索引文件将自动打开,表关闭时它将自动关闭。

(24) 有一个表文件 xsda,含有一个学号字段(xh,C,8)。利用 ALTER TABLE xsda _____ COLUMN xh C(10)命令,可以将学号字段的宽度修改为 10。

(25) 在一个学生档案表中,要实现多字段排序:先按班级(bj)升序排序,同班的同学再按出生日期(csrq)升序排序,则其索引表达式应为:_____。

(26) 通用型数据类型只能用于表中字段的定义,用于存储_____对象。

(27) 参照完整性只有在_____之间才能建立,以保持不同表之间数据的_____。如果要在课程表和学生成绩表之间设置参照完整性,则首先必须建立他们之间的_____关系。如果修改了课程表中课程代号后要求自动更新学生成绩表中相关记录的课程代号,则应设置更新规则为_____;如果课程表中没有的课程代号禁止插入到学生成绩表中,则应设置插入规则为_____。

(28) 建立表的临时关联的命令是_____。

(29) 为了选用一个未被使用的编号最小的工作区,可使用命令_____。

3. 操作题

(1) 有计算机等级考试考生数据表 STD.DBF 和合格考生数据表 HG.DBF 两个表文件。两个表的结构相同。为了颁发合格证书并备案,把 STD 数据表中的"笔试成绩"和"上机成绩"均及格(大于等于 60 分)记录的"合格否"字段修改为逻辑真,然后将合格的记录追加到合格考生数据表 HG.DBF 中。请对以下操作命令填空。

```
USE STD
LIST
```

记录号	准考证号	姓名	性别	笔试成绩	上机成绩	合格否
1	11001	梁小冬	女	70	80	.T.
2	11005	林 旭	男	95	78	.T.
3	11017	王一平	男	60	40	.F.
4	11083	吴大鹏	男	90	60	.T.
5	11080	杨纪红	女	58	67	.F.

```
REPLACE _____ FOR 笔试成绩 > = 60.AND.上机成绩 > = 60
USE HG
```

```
APPEND FROM STD FOR _____
LIST
USE
```

（2）执行如下命令序列：

```
USE STUDENT
LIST
```

记录号	姓名	学号	年龄	性别
1	陆文华	098725	20	男
2	刘渊明	099321	19	男
3	周　阳	097310	21	女
4	于丽华	099512	18	女
5	李金金	098320	20	女
6	钱博声	099132	18	男

```
INDEX ON 年龄 TO NL
FIND 20
SKIP
DISP 姓名
```

最后一条命令显示的学生姓名是_____。

（3）执行如下命令序列

```
USE ZGB
LIST
```

记录号	姓名	职称	基本工资
1	姚亮	工人	300.00
2	王云力	工程师	450.00
3	周云佳	工人	280.00
4	盖丽丽	技术员	350.00
5	张红云	总工程师	550.00

```
INDEX ON 职称 + STR(1000-基本工资,6,2) TO ZG
LIST 职称,基本工资
```

执行最后一条命令后，记录号的显示顺序是_____。

（4）设有职工数据表文件，其内容如下：

编号	姓名	部门	工资	奖金
1001	王刚	会计系	850	200
1002	李力	会计系	700	200
1003	赵聪	会计系	730	200
2001	徐洁	金融系	900	300
2002	章文	金融系	1000	200
3003	曾红	财务科	900	100
3008	韩雪	财务科	1200	100
3006	陈冬	财务科	1300	100

请对以下命令的执行结果填空：

```
USE 职工
INDEX ON 部门 TO BM
TOTAL ON 部门 TO TEMP
USE TEMP
SORT ON 工资 TO TEMP1
USE TEMP1
DISP 部门,工资,奖金              && 该命令的显示结果是_____
USE 职工
AVERAGE 工资 TO A FOR 部门 = "会计系"   && 变量 A 的值为_____
INDEX ON 工资 TO GZ
GO 1
?编号,姓名                      && 该命令的显示结果是_____
SEEK 900
SKIP 3
?工资 + 奖金                    && 该命令的显示结果是_____
LOCATE FOR 工资 = 900
CONTINUE
?姓名                          && 该命令的显示结果是_____
```

第5章 SQL 语 言

5.1 知 识 要 点

1. SQL 的查询命令

1) SELECT-SQL 的语法格式

SELECT [ALL|DISTINCT] [TOP <数值表达式>] [* |<输出项表达式表>]

FROM <数据表>[INNER | LEFT [OUTER] | RIGHT [OUTER] | FULL [OUTER]

   JOIN <数据表>[ON 联接条件]]

[INTO <查询结果>]

[WHERE <连接条件>|<约束条件>]

[GROUP BY <分组表达式表>]

[HAVING <筛选条件>]

[UNION <SELECT 命令>]

[ORDER BY <关键字表达式>]

2) SELECT-SQL 中相关子句的功能

SELECT 子句后的输出描述:

- ALL 表示全部显示,DISTINCT 表示不显示重复记录,TOP <数值表达式>用于指定输出记录的前一部分,[*]表示所有字段都作为输出,<输出项表达式表>指定输出项。
- FROM 子句给出数据表,需要时进行相应的联接。
- [INTO <查询结果>]指定查询结果的输出方式和去处。
- [WHERE <连接条件>|<约束条件>]给出数据表之间的联接条件和筛选条件。
- [GROUP BY <分组表达式表>]指出分组统计的依据。
- [HAVING <筛选条件>]对分组处理后的记录进行筛选。
- [UNION <SELECT 命令>]将 UNION 前后的 SELECT 语句查询的结果组合在一起输出。
- [ORDER BY <关键字表达式>]对查询结果进行排序。

2. 对记录操作的 SQL 命令

1) 插入记录命令

INSERT INTO <表名> [(<字段名列表>)] VALUES(<表达式列表>)

功能说明：将表达式值依次插入到新记录的相应字段中。

INSERT INTO <表名> FROM ARRAY <数组名>

功能说明：将数组元素值依次插入到新记录的相应字段中。

INSERT INTO <表名> FROM MEMVAR

功能说明：将同名内存变量值插入到新记录的相应字段中。

2）更新记录命令

UPDATE <表名> SET <字段名 1> = <表达式 1> [,<字段名 2> = <表达式 2>…]

3）删除记录命令

DELETE FROM <表名> [WHERE <筛选条件>]

3. 对表操作的 SQL 命令

1）创建表结构

CREATE TABLE <表名>(字段名 1　类型(长度)[,字段名 2　类型(长度)]…)

例如：

CREATE TABLE SDXS (XH C(10),XM C(8),XB C(2),PJF N(6,2),CSRQ D,SHM M)

2）表结构的修改

（1）添加字段：

ALTER TABLE <表名> ADD 字段名 类型(长度)

（2）删除字段：

ALTER TABLE <表名> DROP 字段名 1 [，字段名 2]…

（3）修改字段名：

ALTER TABLE <表名> RENAME COLUMN 字段名 1 TO 字段名 2

（4）修改字段类型(长度)：

ALTER TABLE <表名> ALTER 字段名 类型(长度)

3）删除数据表

DROP TABLE <数据库表>

下面是本章的上机实验。

5.2　实验 5-1　SQL 的查询命令

【实验目的】

（1）掌握创建一个 SQL 查询命令的基本方法。

（2）学会使用 SELECT 命令中各子句构成具体的查询命令。

【实验内容及步骤】

实验准备：

① 下载"vfp 实验素材"到 E 盘并解压缩。

② 设置当前工作目录为 E:\vfp 实验素材\实验 5-1。

1. 创建 SELECT 查询命令

1) 在命令窗口中输入命令

在命令窗口中直接输入 SELECT 命令，如图 5-1 所示，如果一个 SELECT 命令在一行内无法完成，则在换行时必须在行的尾部输入分号，而整个命令结束的那一行尾部不加分号。整个 SELECT 命令输完后按 Enter 键执行，运行结果如图 5-2 所示。

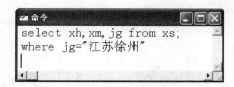

图 5-1　在命令窗口中直接输入 SQL 命令

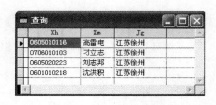

图 5-2　运行结果

2) 将 SELECT 命令保存在一个 PRG 程序文件中

① 在命令窗口中输入 MODI COMM SQLPROG01，按 Enter 键后在程序编辑窗口内输入如图 5-3 所示的 SQL 命令。要指出的是该方法是将一条 SQL 命令作为一个程序保存和执行。和 1)中同样要求数据源 XS. BDF 要在当前工作目录中，否则，执行时会发生无法找到数据表的错误。系统会弹出一个对话框，要求定位 XS. BDF。这时你可以到其他文件夹寻找到该表即可得到正确结果。

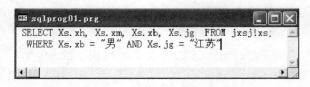

图 5-3　将 SQL 命令创建为程序文件

② 单击"常用"工具栏中的"运行"按钮或在命令窗口中输入 DO SQLPROG01 命令，即可执行该 SQL 命令，结果如图 5-4 所示。

SQL 语言

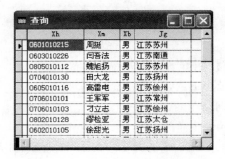

图 5-4　SQL 命令程序文件的执行结果

2. SQL 命令的应用

（1）显示一个数据表 XS.DBF 中所有列。

```
SELECT * FROM XS
```

（2）用 WHERE 子句联接 XS 和 CJ 两张表，筛选出其中性别为"男"的记录。

```
SELECT XS.XH,XS.XM,XS.XB,CJ.KCDH,CJ.CJ;
FROM XS,CJ;
WHERE XS.XH = CJ.XH AND XS.XB = "男"
```

（3）用 JOIN 子句联接 XS 和 CJ 两张表，查询分数高于 80 分的学生。

```
SELECT XS.XH,XS.XM,CJ.KCDH,CJ.CJ;
FROM XS INNER JOIN CJ ON XS.XH = CJ.XH;
WHERE CJ.CJ>80
```

（4）使用嵌套查询找出在成绩表 CJ 中没有成绩的同学。

```
SELECT XS.XH,XS.XM,XS.XDH;
FROM XS WHERE XS.XH NOT IN (SELE CJ.XH FROM CJ)
```

（5）使用查询找出在成绩表 CJ 中有过不及格的同学，不重复显示相同信息。

```
SELECT DISTINCT XS.XH,XS.XM,XS.XDH;
FROM XS,CJ;
WHERE XS.XH = CJ.XH AND CJ.CJ<60;
ORDER BY XS.XH
```

（6）使用分组字句和函数统计 XS 表中各系的男同学的人数。

```
SELECT XDH,SUM(IIF(XB = "男",1,0)) AS 男生人数 FROM XS;
GROUP BY XDH
```

（7）在 JS 表中统计教师的当前年龄和相关信息，按系代号升序和年龄降序排列。

```
SELECT XDH,GH,XM,YEAR(DATE())-YEAR(CSRQ) AS NL FROM JS;
```

```
ORDER BY XDH,4 DESC
```

(8) 用 TOP n[percent]短语求成绩前三名的同学。

```
SELECT TOP 3 Xs.xh, Xs.xm, Cj.kcdh, Cj.cj;
FROM xs INNER JOIN cj ;
ON Xs.xh = Cj.xh;
ORDER BY Cj.cj DESC
```

(9) 用 INTO 子句将 JG 为"江苏苏州"的同学成绩信息存放在新表 SZXS.DBF 中。

```
SELECT Xs.xh, Xs.xm, Xs.jg, Cj.kcdh, Cj.cj;
FROM xs,cj;
WHERE XS.XH = CJ.XH AND XS.JG = "江苏苏州";
INTO DBF SZXS
```

(10) 利用组合运算符 UNION 将若干个 SELECT 语句的查询结果合并成一个结果输出。

① 查询 XS 表中籍贯为江苏或福建的学生信息。

```
SELE XM,XB,XDH,JG FROM XS WHERE JG = "江苏";
UNION;
SELE XM,XB,XDH,JG FROM XS WHERE JG = "福建";
ORDER BY 4
```

② 查询不及格学生和优秀学生的相关信息。

```
SELE XS.XH,XS.XM,XIM.XIMING,KC.KCM,CJ.CJ FROM XS,KC,CJ,XIM;
WHERE XS.XH = CJ.XH AND KC.KCDH = CJ.KCDH AND XIM.XDH = XS.XDH AND CJ.CJ<60;
UNION;
SELE XS.XH,XS.XM,XIM.XIMING,KC.KCM,CJ.CJ FROM XS,KC,CJ,XIM;
WHERE XS.XH = CJ.XH AND KC.KCDH = CJ.KCDH AND XIM.XDH = XS.XDH AND CJ.CJ> = 90;
ORDER BY 5,3
```

查询结果如图 5-5 所示。

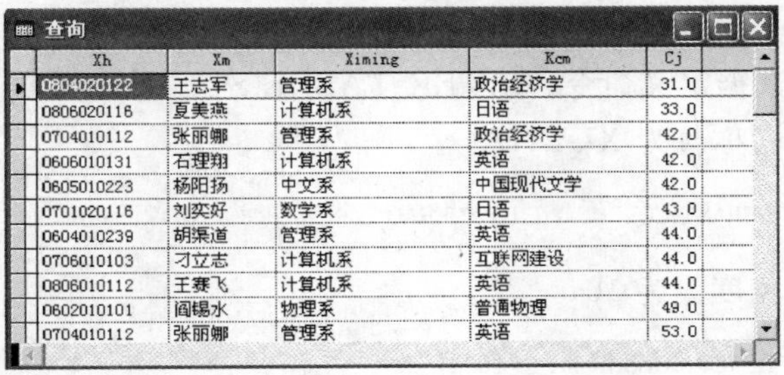

Xh	Xm	Ximing	Kcm	Cj
0804020122	王志军	管理系	政治经济学	31.0
0806020116	夏美燕	计算机系	日语	33.0
0704010112	张丽娜	管理系	政治经济学	42.0
0606010131	石理翔	计算机系	英语	42.0
0605010223	杨阳扬	中文系	中国现代文学	42.0
0701020116	刘奕好	数学系	日语	43.0
0604010239	胡渠道	管理系	英语	44.0
0706010103	刁立志	计算机系	互联网建设	44.0
0806010112	王赛飞	计算机系	英语	44.0
0602010101	阎锡水	物理系	普通物理	49.0
0704010112	张丽娜	管理系	英语	53.0

图 5-5 组合查询实例

5.3 实验 5-2 SQL 的数据定义与数据修改命令

【实验目的】

（1）掌握使用 SQL 数据定义命令创建、修改数据表的结构和删除数据表的方法。

（2）掌握使用 SQL 数据操纵命令对数据表中的记录进行插入、修改和删除的方法。

【实验内容及步骤】

实验准备：

① 下载"vfp 实验素材"到 E 盘并解压缩。

② 设置当前工作目录为 E:\vfp 实验素材\实验 5-2。

1. 使用数据定义命令

SQL 语言的数据定义命令包括数据表结构的定义、结构的修改和数据表的删除 3 条。

（1）使用 SQL 数据定义命令（CREATE TABLE SQL）创建一个数据表结构。

在命令窗口中输入以下命令，即可创建一个名为 SDXS.DBF 的空数据表。

```
CREATE TABLE SDXS(XH C(10),XM C(6),XB C(2),XDH C(2),CSRQ D,BZ M)
```

执行以上命令后，在命令窗口中输入命令"LIST STRU"即可显示新建的 SDXS 表结构的数据，如图 5-6 所示。

表结构:		E:\VFP实验素材\实验5-2\SDXS.DBF						
数据记录数:		0						
最近更新的时间:		01/08/09						
备注文件块大小:		64						
代码页:		936						
字段	字段名		类型		宽度	小数位	索引 排序	Nulls
1	XH		字符型		10			否
2	XM		字符型		6			否
3	XB		字符型		2			否
4	XDH		字符型		2			否
5	CSRQ		日期型		8			否
6	BZ		备注型		4			否
** 总计 **					33			

图 5-6 新建立的 SDXS 表结构

（2）使用 SQL 数据定义命令（ALTER TABLE SQL）修改数据表 SDXS 的表结构。

① 将 XH 字段名称改为 XUEHAO。

```
ALTER TABLE SDXS RENAME COLUMN XH TO XUEHAO
```

② 将 XM 字段宽度改为 10。

```
ALTER TABLE SDXS ALTER COLUMN XM C(10)
```

③ 将 XB 字段删除。

```
ALTER TABLE SDXS DROP COLUMN XB
```

④ 添加一个 HF 字段，其类型为逻辑型。

```
ALTER TABLE SDXS ADD COLUMN HF L
```

当执行以上 4 条命令后，在命令窗口中输入命令"LIST STRU"即可显示修改后的 SDXS 表结构的数据，如图 5-7 所示。

```
表结构:                   C:\PVFP60\SDXS.DBF
数据记录数:                0
最近更新的时间:            07/15/04
备注文件块大小:            64
代码页:                    936
    字段  字段名          类型              宽度    小数位   索引   排序        Nulls
     1   XUEHAO          字符型             10                              否
     2   XM              字符型             10                              否
     3   XDH             字符型              2                              否
     4   CSRQ            日期型              8                              否
     5   BZ              备注型              4                              否
     6   HF              逻辑型              1                              否
** 总计 **                                 36
```

图 5-7　修改后的 SDXS 表结构

(3) 使用 SQL 数据定义命令(DROP TABLE SQL)删除数据表。

本命令用来彻底删除指定的数据库表，表中有无记录都一样删除。

例如在命令窗口中输入以下命令，即可删除 SDXS.DBF 表文件。

```
DROP TABLE SDXS
```

2. 使用 SQL 数据操纵命令

SQL 语言的数据操纵命令包括对数据表中的记录进行修改、删除和插入新记录 3 个方面。

(1) 将 GZ 表中 JBGZ 小于 1000 的记录的 JBGZ 值加 100，同时其 GWJT 加 200。

```
UPDATE GZ SET JBGZ = JBGZ + 100,GWJT = GWJT + 200 WHERE JBGZ<1000
```

(2) 将 CJ 表中 KCDH 为 0201 的记录删除。

```
DELETE FROM CJ WHERE KCDH = "0201"
```

执行完本命令后，请浏览 CJ 表，可看到所有 CJ 表中 KCDH 值为 0201 的记录都被做了删除标记。

(3) 将学号为 0812345678，KCDH 为 0603，分数为 68 的记录插入到 CJ 表中。

```
INSERT INTO CJ (XH,KCDH,CJ) VALUES("0812345678","0603",68)
```

(4) 利用数组的方式将学号为 0911112222，KCDH 为 0002，分数为 98 的记录插入到 CJ 表中。

```
DIME A(3)
A(1) = "0911112222"
A(2) = "0002"
A(3) = 98
INSERT INTO CJ FROM ARRAY A
```

执行完本命令后,请浏览 CJ 表,应能看到该内容的记录已经在 CJ 表中。

5.4 习题(含理论题与上机题)

1. 选择题

(1) SQL 是由 3 个英文单词缩写而成,这 3 个单词是_____。

A. Standard Query Language　　　　　B. Structured Query Language

C. Select Question Language　　　　　D. Select Query Language

(2) 使用 SQL 语句进行分组检索时,为了去掉不满足条件的分组,应当_____。

A. 使用 WHERE 子句　　　　　　B. 在 Group By 后面使用 Having 子句

C. 先使用 Where,再使用 Having 子句　　D. 先使用 Having,再使用 Where 子句

(3) 将工资表(GZ. DBF)中的基本工资字段宽度改为(8,2)的 SQL 语句是_____。

A. ALTER TABLE GZ SET JBGZ＝N(8,2)

B. ALTER TABLE GZ JBGZ N(8,2)

C. ALTER GZ TABLE JBGZ N(8,2)

D. ALTER TABLE GZ ALTER JBGZ N(8,2)

(4) 当两张表进行无条件联接时,交叉组合后形成的新记录个数是_____。

A. 两张表记录数之差　　　　　　B. 两张表记录数之和

C. 两张表中记录数多者　　　　　　D. 两张表记录数的乘积

(5) 要求仅显示两张表中满足条件的记录,应选择_____类型。

A. 内联接　　　　　　　　　　B. 左联接

C. 右联接　　　　　　　　　　D. 完全联接

(6) 查询每门课的课程代号,课程名称和平均分的 SELECT-SQL 语句是_____。

A. SELE CJ. KCDH,KC. KCM,AVG(CJ. CJ) FROM CJ,KC

B. SELE CJ. KCDH, KC. KCM, AVG(CJ. CJ) FROM CJ, KC GROUP BY CJ. KCDH

C. SELE CJ. KCDH,KC. KCM,AVG (CJ. CJ) FROM CJ,KC WHERE CJ. KCDH＝KC. KCDH

D. SELE CJ. KCDH,KC. KCM,AVG (CJ. CJ) FROM CJ,KC WHERE CJ. KCDH＝KC. KCDH;GROUP BY CJ. KCDH

(7) 显示 JS 表中各系教师的人数与工资总和的 SQL 语句是_____。

A. SELE JS. XIMING,COUNT(JS. XIMING),SUM(JS. JBGZ) FROM JS

B. SELE JS. XIMING,COUNT(JS. XIMING),SUM(JS. JBGZ) FROM JS ORDER BY JS. GH

C. SELE JS. XIMING,COUNT(JS. GH),SUM(JS. JBGZ) FROM JS GROUP BY JS. XIMING

D. SELE JS. XIMING,COUNT(JS. GH),SUM(JS. JBGZ) FROM JS ORDER BY
　　JS. XIMING

(8) 下列哪个子句可以实现分组结果的筛选条件＿＿＿＿＿＿。

A. GROUP BY　　　　　　　　　　B. HAVING

C. WHERE　　　　　　　　　　　　D. ORDER

(9) 使用 SQL 语句从 XS 表中查出籍贯（JG）是"江苏"的同学信息，正确的
是＿＿＿＿＿＿。

A. SELE ＊ FROM XS WHERE LEFT(JG,4)="江苏"

B. SELE ＊ FROM XS WHERE RIGHT(JG,4)="江苏"

C. SELE ＊ FROM XS WHERE ALLT(JG,4)="江苏"

D. SELE ＊ FROM XS WHERE STR(JG,4)="江苏"

(10) 在学生成绩表 CJ 中显示每一位学生的平均成绩的 SQL 语句是＿＿＿＿＿＿。

A. SELE XH,AVERAGE(CJ)FROM CJ GROUP BY XH

B. SELE XH,AVG(CJ) FROM CJ GROUP BY XH

C. SELE XH,AVG(CJ) FROM CJ ORDER BY XH

D. SELE XH,AVERAGE (CJ) FROM CJ GROUP BY CJ

2. 填空题

(1) SQL 的中文含义是＿＿＿＿＿＿。

(2) 为 CJ 表增加课程名（KCM C(10)）字段的 SQL 命令是＿＿＿＿＿＿。

(3) 将 XS 表中的 JG 字段删去的完整的 SQL 命令是：ALTER TABLE XS
＿＿＿＿＿＿ COLUMN JG。

(4) 公司商品数据库中有两个表：商品信息表（spxx. dbf）和销售情况表（xsqk. dbf），
表结构分别如下：

spxx. dbf				xsqk. dbf		
字段名	类型(宽度)	含义		字段名	类型(宽度)	含义
sph	C(6)	商品号		lsh	C(6)	流水号
spmc	C(20)	商品名称		sph	C(6)	商品号
jhj	Y	进货价		xssl	I	销售数量
lsj	Y	零售价		xsrq	D	销售日期
bz	M	备注				

现要查询 2008 年 8 月 8 日所售各商品的名称、销量和零售总额，并按销量的降序排
序。SELECT-SQL 命令为：

```
SELECT spxx.spmc, SUM(xsqk.xssl) AS 销量, _____ AS 零售总额,;
    FROM xsqk INNER _____ spxx ;
    ON _____ ;
    WHERE xsqk.xsrq = _____ ;
```

```
GROUP BY _____ ;
ORDER BY _____
```

（5）下列语句是在教师工资表 GZ 中求各类职称（ZC）的基本工资（JBGZ）总和，请把它写完整：SELE ZC,SUM（JBGZ）AS JBGZH _____ GZ GROUP BY _____ 。

（6）将一条记录插入到 CJ 表中的 SQL 命令补充完整：

```
INSERT INTO _____ (XH,KCDH,CJ) _____ ("0601020253","0101",68)
```

（7）在 SQL 语句中，用_____子句实现分组结果的筛选条件，它应该同_____子句一起使用。

（8）用 SELECT-SQL 语句统计 JS 表中各系男教师的人数，结果中包含 XDH 和人数 2 个字段，按系名降序排列。

```
SELE XDH, _____ AS 男教师人数 FROM JS;
GROUP BY XDH;
ORDER BY XDH DESC
```

（9）将教师工资表中凡是基本工资（JBGZ）小于 1000 的记录普加 100 的 SQL 命令是：

```
_____ GZ SET JBGZ = JBGZ + 100 WHERE JBGZ<= 1000
```

（10）使用 XS 表和 CJ 表查询江苏籍学生成绩的 SQL 语句如下，请在空白处填上内容，使可以把查询结果保存在表文件 JSXS.DBF 中。

```
SELECT Xs.xh, Xs.xm, Xs.jg, Cj.kcdh, Cj.cj;
    FROM XS INNER JOIN CJ ;
    ON Xs.xh = Cj.xh;
    WHERE Xs.jg = "江苏";
    INTO _____
```

3. 操作题

打开"教学管理系统"项目文件，根据数据库 JXSJ.DBC 中的表和要求，用 SQL 语句完成以下任务：

① 统计各学生的总分和平均分，按系科和总分名次排序，结果保存在表 B1.DBF 中。
② 统计出存在不及格课程的江苏籍学生，按学号排序，结果保存在表 B2.DBF 中。
③ 按系科统计各教师的任课课时数，按系科、工号排序，结果保存在表 B3.DBF 中。
④ 统计 CJ 表中各分数段学生的人数，结果保存在表 B4.DBF 中。

第6章　　查询和视图

6.1　知 识 要 点

1. 查询

1）查询概念

查询是 Visual FoxPro 支持的一种数据库对象，是系统为检索数据提供的一种工具或方法，是一个特定的请求或一组对数据库中的数据进行检索、修改、插入或删除的指令。查询可以从指定的表或视图中提取出满足条件的记录，并按照指定的输出类型定向输出查询结果。查询的实质是生成一条 SQL SELECT 语句。查询文件的扩展名是.qpr。

2）查询的创建

选择"文件"→"新建"选项，打开"新建"对话框，在其上选中"查询"后，如果单击"新建文件"按钮，即打开了"查询设计器"，可通过"查询设计器"进一步创建查询，如单击"向导"则进入使用查询向导创建查询。还可以选择在项目管理器中选中"查询"，单击"新建"按钮，在"新建查询"对话框中再选择是用"查询设计器"还是使用"查询向导"来创建查询。

（1）使用"查询向导"创建查询。在如上所述进入"查询向导"之后，依次出现："步骤1—字段选取"，在这里，选择所需的一个或多个表及相应的字段；"步骤2—建立表之间关系"；"步骤3—筛选记录"，在这里设置查询的条件；"步骤4—排序记录"，在这里指定排序的字段；"步骤5—完成"，在这里可以预览结果、保存查询文件。

（2）使用"查询设计器"创建查询。在进入"查询设计器"界面之后，首先是添加表或视图，然后在设计器中对选项卡完成以下操作：

- "字段"：从"可用字段"列表中选定字段或将自定义函数表达式添加为输出项。
- "联接"：建立表之间关系。
- "筛选"：设置查询的条件。
- "排序依据"：指定排序的字段。
- "分组依据"：指定分组汇总的字段。
- "杂项"：设置是否显示重复记录、部分或全部显示记录等。

对于查询结果的去向，要使用"查询"菜单中的"查询去向"来指定，共有"浏览"、"临时表"、"永久表"、"图形"、"屏幕"、"报表"、"标签"7 种，默认为"浏览"。

2. 视图

1）视图概念

视图和查询一样，是系统为方便检索数据而提供的工具。在本质上也是 SQL 语言中的 SELECT 语句。使用查询得到的是一组只读型的检索结果，而视图兼有表和查询的特点。视图是数据库的一个组成部分，是基于表的并且是可更新的数据集合。

视图有两种类型：本地视图和远程视图。

2）创建本地视图

可以使用视图设计器或 CREATE SQL VIEW 命令创建。

（1）使用视图设计器创建视图。使用视图设计器创建视图的步骤与查询的创建步骤非常相似。不同之处仅在于视图设计器多了一个"更新条件"选项卡。在这个页面中，可以设置需要更新的表、字段、发送 SQL 更新等。

（2）创建参数化视图。参数化视图的创建与一般视图相同，区别就是：在"筛选"条件的界面"实例"文本框中输入问号及参数名，例如"？籍贯"，如图 6-1 所示。

图 6-1　创建参数化视图

下面是本章的上机实验。

6.2　实验 6-1　数据查询

【实验目的】

（1）掌握如何使用查询向导和查询设计器创建查询。

（2）掌握如何创建多表查询。

（3）掌握如何创建交叉表查询。

【实验内容及步骤】

实验准备：

① 下载"vfp 实验素材"到 E 盘并解压缩。

② 设置当前工作目录为 E:\vfp 实验素材\实验 6-1。

1. 使用查询向导和查询设计器创建查询

（1）使用查询向导在 XS 和 CJ 二表中查询成绩大于 60 分的学生的相关信息。要求输出 xh,xm,xb,kcdh,cj 字段，并按 xh 降序排列。

操作步骤如下：

① 打开"教学管理系统"项目文件，选中"数据"选项卡中的"查询"选项，单击"新建"按钮，在"新建查询"对话框中单击"查询向导"，进入查询"向导选取"对话框，如图 6-2 所示。选定"查询向导"后单击"确定"按钮。

② 在查询向导的"步骤 1—字段选取"对话框里，从"数据库和表"中选定 XS 表，在可用字段框中选中 Xh，单击按钮 ▸ ，将 Xh 移到"选定字段"框中。采用同样方法选中 XS 表中的 Xm、Xb 字段和 Cj 表中的 Kcdh 和 Cj 字段，如图 6-3 所示，单击"下一步"按钮。

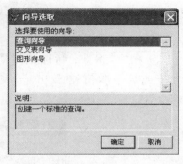

图 6-2　查询"向导选取"对话框

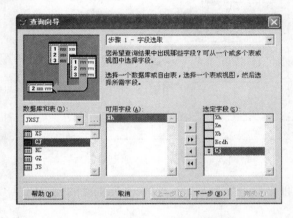

图 6-3　"步骤 1—字段选取"对话框

③ 在"步骤 2—为表建立关系"对话框的左边下拉框中选 XS. XH，在右边下拉框中选 CJ. XH，单击"添加"按钮即可将关系添加到关系框中，如图 6-4 所示，单击"下一步"按钮。

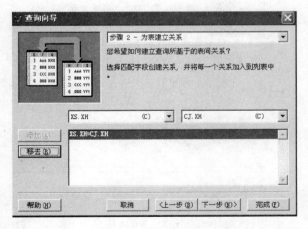

图 6-4　"步骤 2—为表建立关系"对话框

第6章

查询和视图

④ 在"步骤 2a—字段选取"对话框中就按默认设置"仅包含匹配的行",单击"下一步"按钮。

⑤ 在"步骤 3—筛选记录"对话框中设置筛选条件,字段选择 CJ.CJ,操作符选择"大于或等于",值输入"60",表示仅显示 60 分以上的成绩,如图 6-5 所示,单击"下一步"按钮。

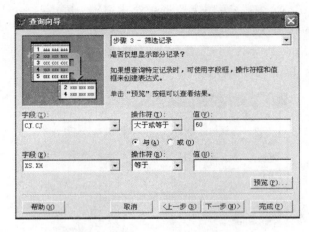

图 6-5 "步骤 3—筛选记录"对话框

⑥ 在"步骤 4—排序记录"对话框中,将 XS.XH 添加到"选定字段"中,并确定升序,单击"下一步"按钮。

⑦ 在"步骤 4a—限制记录"对话框中,按默认设置"数量:所有记录",如图 6-6 所示,单击"下一步"按钮,进入如图 6-7 所示的对话框。

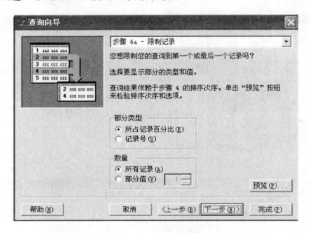

图 6-6 "步骤 4a—限制记录"对话框

⑧ 在"步骤 5—完成"对话框中可进行查询的"预览"、"保存"或"运行"的设置,最后单击"完成"按钮,在另存为对话框中以 xscjcx 为文件名保存查询完成设计。

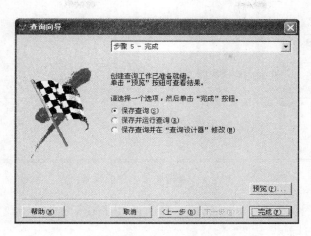

图 6-7　"步骤 5—完成"对话框

（2）使用查询设计器创建基于 xs、cj、kc 三表的成绩大于 60 分的学生的相关信息的查询，要求输出 xh、xm、kcm、cj 字段，并按 kcm 升序排列，kcm 相同再按 Cj 升序排列。

操作步骤如下：

① 在"教学管理系统"项目管理器里选中"查询"选项，单击"新建"按钮，在"新建查询"对话框中，单击"新建查询"按钮，立即打开"查询设计器"窗口，在同时出现的"添加表或视图"对话框中，依次添加 xs、kc 和 cj 表，此阶段取消所有关于"联接条件"的设置对话框，即在"联接条件"对话框中选择"取消"按钮，最后关闭"添加表或视图"对话框，如图 6-8 所示。

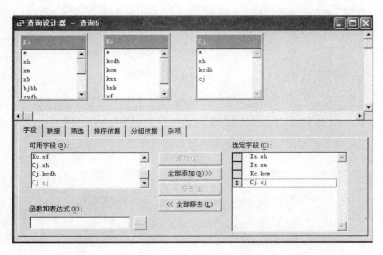

图 6-8　查询设计器

② 单击"字段"标签，在"字段"选项卡界面的"可用字段"中按顺序选中 Xs. xh、Xs. xm、Kc. kcm、Cj. cj 添加到"选定字段"列表中作为输出字段。

③ 单击"联接"标签,在"联接"选项卡界面的类型、字段名、条件、值和逻辑下拉框中进行如图 6-9 所示的设置。

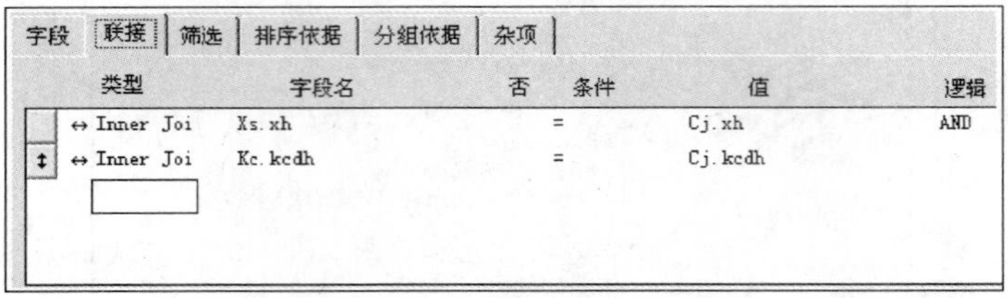

图 6-9　查询联接条件的设置

④ 单击"筛选"标签,在"筛选"选项卡界面设置如图 6-10 所示的参数,使其仅显示成绩为 60 分及以上的记录。

图 6-10　筛选条件的设置

⑤ 单击"排序依据"标签,按如图 6-11 所示进行设置,使记录先按 kcm 升序,再按 cj 升序排列。

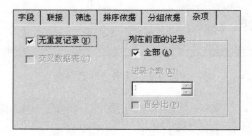

图 6-11　排序依据的设置

⑥ 单击"杂项"标签,在其中设置:无重复记录、显示全部记录,如图 6-12 所示。

图 6-12　杂项的设置

⑦ 查看 SQL 语句：在"查询"菜单中执行"查看 SQL"选项，即可显示当前设计的查询对应的 SQL 命令，如图 6-13 所示。

⑧ 关闭图 6-13 所示窗口。至此，查询设计完成。

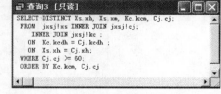

⑨ 使用"查询"菜单中的"运行查询"选项或单击工具栏上的"运行"按钮等方法执行该查询查看效果。保存该查询为 xskccj.qpr。

图 6-13　查看 SQL 命令代码行

对于 *.qpr 文件，可以用记事本将其打开，在记事本中进行修改。当然在记事本中所面对的是一个 SQL 语句代码。

2. 创建交叉表查询

所谓交叉表查询就是以电子表格的形式显示数据的查询。可以使用"交叉表向导"建立交叉表的查询。

基于 XS 表统计各系学生籍贯的分布情况。

① 在"教学管理系统"项目管理器中选择"数据"选项卡中的"查询"选项，单击"新建"按钮，在"新建查询"对话框中单击"查询向导"，进入"向导选取"对话框，如图 6-2 所示。选定"交叉表向导"，单击"确定"按钮，进入交叉表向导之"步骤 1—字段选取"对话框，在该对话框中选定 XS 表和字段 Xm、Xdh 和 Jg，如图 6-14 所示，单击"下一步"按钮。

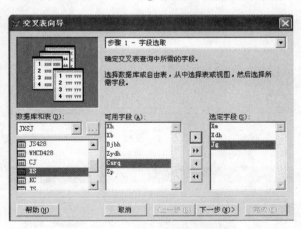

图 6-14　选择表及其所需字段

② 在"步骤 2—定义布局"对话框中分别将 Xdh、Xm、Jg 拖动到相应位置，如图 6-15 所示，单击"下一步"按钮。

③ 在"步骤 3—加入总结信息"对话框中，按默认设置（求和）即可，如图 6-16 所示，单击"下一步"按钮。

④ 在如图 6-17 所示的"完成"对话框中，去掉"显示 NULL 值"前面的勾，单击"预览"按钮，查看设计效果。保存该查询为 xs_cross.qpr。

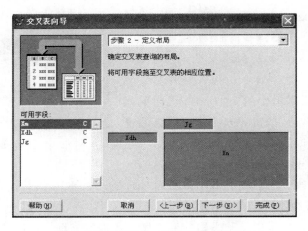

图 6-15 "步骤 2—定义布局"对话框

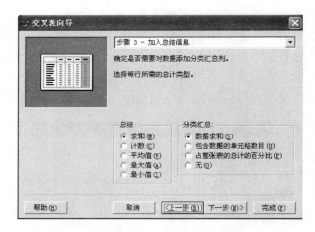

图 6-16 设置总结信息

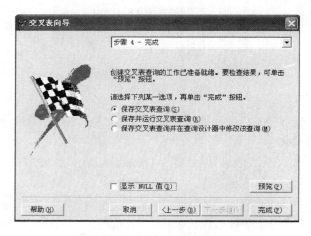

图 6-17 完成对话框

6.3 实验 6-2 视图

【实验目的】

(1) 掌握使用视图设计器创建本地视图的方法。
(2) 掌握使用命令创建视图的方法。
(3) 掌握使用视图更新基表的方法。
(4) 掌握参数化视图的创建方法。

【实验内容及步骤】

实验准备：
① 下载"vfp 实验素材"到 E 盘并解压缩。
② 设置当前工作目录为 E:\vfp 实验素材\实验 6-2。

1. 使用视图设计器创建本地视图

视图是从属于某个数据库的。本例是在数据库 JXSJ 中基于 js、gz 表,创建一张视图名为 js_gz 的普通视图。要求检索出 jbgz 小于或等于 2100 元的各教师的 jbgz、gwjt、zhjt、yfgz 的情况,并按 zcdh 升序排列。

操作步骤如下：

① 打开"教学管理系统"项目文件,在项目管理器内选中数据库 jxsj 后,再选择该数据库中的本地视图,单击"新建"按钮,在"新建本地视图"对话框中单击"新建视图",立即打开"视图设计器"窗口,在同时出现的"添加表或视图"对话框中,依次添加 JS 和 GZ 表。

② 在弹出的"联接条件"对话框中采用默认设置,单击"确定"按钮,同时关闭"添加表或视图"对话框,则出现如图 6-18 所示"视图设计器"。

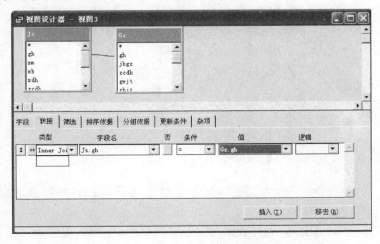

图 6-18 视图设计器

③ 在视图设计器中对"字段"、"筛选"、"排序依据"和"杂项"等选项卡进行类似于查询中的设置。设置值如图 6-19～图 6-22 所示。

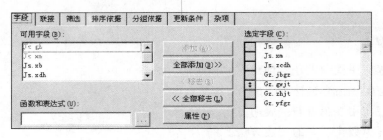

图 6-19　输出字段设置

图 6-20　筛选条件设置

图 6-21　排序依据设置

图 6-22　杂项设置

④ 查看 SQL 语句：在"查询"菜单中执行"查看 SQL"选项，即可显示当前设计的视图对应的 SQL 命令，如图 6-23 所示。

⑤ 单击"查询"菜单中的"运行查询"选项，查看结果，保存该视图 js_gz。

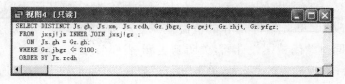

图 6-23 视图 js_gz 对应的 SQL 命令

2. 使用视图更新基表数据

在视图中更新数据与在表中更新数据类似,实际上就是对基表中数据的修改。否则,当关闭视图后,本次修改的数据是不会保留的。

在项目管理器中选中 js_gz 视图,单击右侧"修改"按钮,打开 js_gz 视图,在如图 6-18 所示的"视图设计器"界面中,单击"更新条件"选项卡,在其中进行如图 6-24 所示的设置。

图 6-24 设置更新条件

① 在"表"中选择要更新的表(默认为全部表,可仅选个别要更新的表)。

② "钥匙"标记列设置的是关键字,"铅笔"标记列设置的是可更新的字段。单击即可改变其设置。设置如图 6-24 所示的关键字段和可更新字段。

③ 一定要勾上"发送 SQL 更新"才能完成对基表数据的更新任务。

④ 右边的"SQL WHERE 子句包括"和"使用更新"两项就按默认选项设置即可。

⑤ 将本视图另存为 Sudamw0808,单击工具栏上"运行"按钮可显示如图 6-25 所示运行结果。

Gh	Xm	Zcdh	Jbgz	Gwjt	Zhjt	Yfgz
A0003	王汝刚	01	1350.0	1600.0	250.0	3200.0
A0004	谢 涛	01	1460.0	1900.0	280.0	3640.0
B0002	陈 林	01	1700.0	2500.0	350.0	4550.0
C0001	汪 杨	01	1500.0	2100.0	300.0	3900.0
D0003	孙向东	01	1400.0	1800.0	270.0	3470.0
E0006	赵 龙	01	1400.0	1800.0	270.0	3470.0
H0001	程东萍	01	1660.0	2400.0	330.0	4390.0

图 6-25 视图运行结果

⑥ 在图 6-25 中直接将 Gh 为 D0003 的记录的姓名"孙向东"改为"赵志刚",将 Gwjt 的值由 1800.0 改为 1899.0,将 Zhjt 的值由 270.0 改为 308.5。然后关掉图 6-25 所示的视图结果界面,同时关闭视图设计器,关闭基表 gz 表和 js 表。

⑦ 选中项目管理器中的 Gz 表,单击"浏览"按钮,可显示如图 6-26 所示结果,可见上述的有关 D0003 的记录的改动已保存到基表中。还可打开 JS 表,查看姓名改动情况。

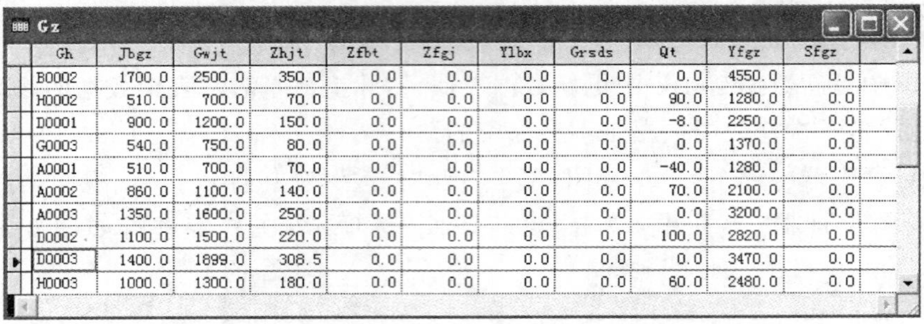

Gh	Jbgz	Gwjt	Zhjt	Zfbt	Zfgj	Ylbx	Grsds	Qt	Yfgz	Sfgz
B0002	1700.0	2500.0	350.0	0.0	0.0	0.0	0.0	0.0	4550.0	0.0
H0002	510.0	700.0	70.0	0.0	0.0	0.0	0.0	90.0	1280.0	0.0
D0001	900.0	1200.0	150.0	0.0	0.0	0.0	0.0	-8.0	2250.0	0.0
G0003	540.0	750.0	80.0	0.0	0.0	0.0	0.0	0.0	1370.0	0.0
A0001	510.0	700.0	70.0	0.0	0.0	0.0	0.0	-40.0	1280.0	0.0
A0002	860.0	1100.0	140.0	0.0	0.0	0.0	0.0	70.0	2100.0	0.0
A0003	1350.0	1600.0	250.0	0.0	0.0	0.0	0.0	0.0	3200.0	0.0
D0002	1100.0	1500.0	220.0	0.0	0.0	0.0	0.0	100.0	2820.0	0.0
D0003	1400.0	1899.0	308.5	0.0	0.0	0.0	0.0	0.0	3470.0	0.0
H0003	1000.0	1300.0	180.0	0.0	0.0	0.0	0.0	60.0	2480.0	0.0

图 6-26　更新后的结果

3. 使用命令创建一般视图

无论是在命令窗口还是在程序中间使用命令创建视图,都要明确其所属于的数据库。而且在该创建命令执行时,该数据库是处于打开状态并且是当前数据库。一般是在创建视图命令行之前放一条打开数据库的命令:

OPEN DATABASE ＜数据库文件名＞

例如:

OPEN DATABASE JXSJ

创建本地视图的命令格式为:

CREATE SQL VIEW 视图名 AS SQL-SELECT 语句

例如:在 JXSJ 数据库中创建基于 xs 表和 cj 表的视图:Sdmw0809,使其能够显示学号、姓名、籍贯、课程代号和成绩。

操作步骤如下:

① 打开 JXSJ 数据库文件并使其成为当前数据库,将下面代码输入到命令窗口中,回车后即可在项目管理器的 JXSJ 的视图列表中看到新建的 Sdmw0809 视图。

```
CREATE SQL VIEW SDMW0809 AS SELECT XS.XH,XS.XM,XS.JG,CJ.KCDH,CJ.CJ;
FROM XS,CJ WHERE XS.XH = CJ.XH AND CJ.CJ>= 60
```

② 在 JXSJ 数据库的视图列表中选中视图 Sdmw0809 后,如单击"修改"按钮就在视图设计器中打开该视图,可进行修改。如单击"浏览"按钮即可显示该视图从基表中提取的数据集合,如图 6-27 所示。

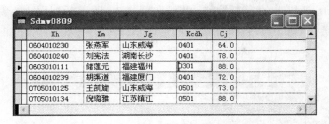

图 6-27　视图 Sdmw0809 执行结果

4. 参数化视图的创建和使用

1）使用命令创建参数化视图

例如：创建基于 XS 表的视图 Sdmw0810，执行中可根据"籍贯"参数统计出不同籍贯的学生信息。

在命令窗口中输入以下命令，按 Enter 键即可在当前数据库中创建带"籍贯"参数的 Sdmw0810 视图。

```
CREATE SQL VIEW Sdmw0810 AS;
SELECT Xs.xh,Xs.xm,Xs.xb,Xs.jg;
    FROM jxsj!xs;
    WHERE xs.jg = ?籍贯;
    ORDER BY Xs.xh
```

打开 Sdmw0810 视图设计器，可发现除"筛选"选项卡外其他选项卡都和一般视图的设置相同，不同点仅在于"筛选"选项卡中条件实例的设置，如图 6-28 所示。

图 6-28　参数的设置

2）参数化视图使用

① 打开 Sdmw0810 视图设计器，单击"查询"菜单中的"视图参数"菜单项，在弹出的"视图参数"对话框中作如图 6-29 所示的设置，单击"确定"按钮。

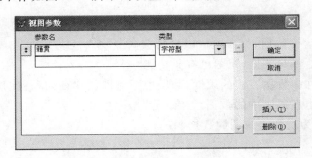

图 6-29　视图参数设置

② 单击常用工具栏上的运行按钮,出现如图 6-30 所示的"视图参数"对话框,在对话框中输入相应参数值(如江苏苏州)即可,然后单击"确定"按钮。出现如图 6-31 所示运行结果。

图 6-30 "视图参数"对话框

图 6-31 视图 Sdmw0810 运行结果

在程序中使用视图时,可直接采用语句赋值的方式传递参数,例如在程序中或命令窗口中输入以下 3 行代码即可:

```
籍贯 = "江苏苏州"
USE Sdmw0810
BROWSE
```

6.4 习题(含理论题与上机题)

1. 选择题

(1) 视图是一种存储在数据库中的特殊的表,当它被打开时,对于本地视图而言,系统将同时在其他工作区中把视图所基于的基表打开,这是因为视图包含一条_____语句。

A. SQL-Select   B. Use

C. Locate   D. Set Filter To…

(2) 有关查询与视图,下列说法中不正确的是_____。

A. 查询是只读型数据,而视图可以更新数据源

B. 查询可以更新源数据,视图也有此功能

C. 视图具有许多数据库表的属性,利用视图可以创建查询和视图

D. 视图可以更新源表中的数据,存在于数据库中

(3) 不可以作为查询与视图的数据源的是_____。

A. 自由表   B. 数据库表

C. 查询   D. 视图

（4）以下_____不可以作为查询和视图的输出类型。

A. 自由表 　　　　　B. 表单 　　　　　C. 临时表 　　　　　D. 数组

（5）对于查询和视图的叙述，正确的是_____。

A. 都保存在数据库中 　　　　　　　　B. 都可以用 USE 命令打开

C. 都可以更新基表 　　　　　　　　　D. 都可以作为列表框对象的数据源

（6）查询文件的实质是一条 SQL-SELECT 命令，查询文件的扩展名为_____。

A. .prg 　　　　　B. .fpx 　　　　　C. .qpr 　　　　　D. .qpx

（7）如果查询和视图的基表数据发生变化，要刷新查询和视图中的结果，如下方法中正确的是_____。

A. 查询需要重新运行，视图可以用 REQUERY()函数

B. 需重新创建查询和视图

C. 查询需要重新运行，视图会自动刷新

D. 查询和视图都会自动刷新

（8）下列说法中正确的是_____。

A. 视图文件的扩展名是.vcx

B. 查询文件中保存的是查询的结果

C. 查询设计器本质上是 SELECT-SQL 命令的可视化设计方法

D. 查询是基于表的并且可更新的数据集合

（9）运行查询 SDMW.QPR 的命令是_____。

A. USE SDMW 　　　　　　　　　　　B. USE SDMW.QPR

C. DO SDMW.QPR 　　　　　　　　　D. DO SDMW

（10）创建一个参数化视图时，应在筛选对话框的实例框中输入_____。

A. ＊及参数名 　　　　　　　　　　　B. ？及参数名

C. ！及参数名 　　　　　　　　　　　D. 参数名

2. 填空题

（1）Visual FoxPro 数据库中的本地视图的_____随该视图的打开而自动打开，但是不随视图的关闭而关闭。

（2）Visual FoxPro 中建立的查询有 7 种可选择的查询去向，其默认的输出去向是_____。

（3）查询和视图在本质上都是一条_____语句。查询和视图的基表可以有_____个。

（4）视图设计器中有而查询设计器中没有的选项卡是_____，使用它设置对视图基表的更新。

（5）在 Visual FoxPro 中建立多表查询时，表之间的 4 种联接类型分别是内部联接、左联接、右联接和_____。

（6）查询文件以_____为扩展名保存；视图是一个_____表，不以文件形式保存。

（7）视图不以独立文件存在，视图定义保存在＿＿＿＿＿＿＿中，视图的打开可用＿＿＿＿＿＿＿命令来实现。

（8）查询中的分组依据，是将记录分组，每个组生成查询结果中的＿＿＿＿＿＿＿记录。

（9）Visual FoxPro 的视图是基于表且可更新的数据集合，有本地视图和＿＿＿＿＿＿＿两类。

（10）在 Visual FoxPro 命令窗口中可以以命令方式执行查询文件，其命令为＿＿＿＿＿＿＿。

3. 操作题

在 JXGL 数据库中有 3 张表，XS. DBF(XH，XM，XB，XDH)、CJ. DBF(XH，KCDH，CJ)、KC. DBF(KCDH，KCM，XF)。

（1）在 JXGL 数据库中基于 KC 表和 CJ 表创建视图 XSCJ，要求：

① 按 KCDH 字段建立两个表的内连接。

② 输出字段包含 XH、KCDH、KCM 和 CJ。

③ 仅显示分数不小于 60 的记录。

④ 按 XH 字段升序和 KCM 字段升序排序。

⑤ 设置可以对 CJ 字段进行更新，并保存更新。

（2）在 JXGL 数据库中基于 XS 表和 CJ 表创建查询 XSZFA，查询各学生的总分和平均分，要求：

① 输出学号列的标题为"学号"、总分列的标题为"总分"、平均分的标题为"平均分"。

② 按总分和平均分的降序排序。

③ 查询结果中只要求包含总分在前三名的学生。

（3）创建基于 XS 表的查询 XSRS. QPR，要求：

① 统计 XS 表中各系科的男、女学生人数。

② 结果按系名的升序排序。

第7章 | 表单的设计和应用

7.1 知 识 要 点

在 Visual FoxPro 中,用户界面完全由表单来实现。就外观而言,表单与窗口没有差异。开发人员可以在表单中设置各种控制对象并定义它们的位置与外观,然后通过操作这些控制对象对数据库进行各种操作完成特定的任务。

1. 对象和类

Visual FoxPro 是一种面向对象的程序设计(object-oriented programming,OOP)语言。面向对象的程序设计把现实世界中的所有实体抽象为对象。

1) 对象(object)

客观世界里的任何实物都可以被看做对象。在 Visual FoxPro 中,对象主要指表单、表单集,以及表单中所包含的多个控件。

每个对象都具有自己的若干属性,以及与之相关的方法和事件,用户通过对象的属性、方法和事件来处理对象。

属性(property)是定义对象特征的一组数据。例如,每张表单有不同的标题、边框、背景色、前景色等。

方法(method)是控制对象行为的一段程序。方法实际上是一段能完成特定操作的程序代码,通常也称为方法程序。例如,可调用表单的"显示"(show)或"隐藏"(hide)方法来显示或隐藏表单。

事件(event)是某个特定时刻所发生的事情,通常事件是由一个用户动作产生的,如单击按钮(Click)、移动鼠标(MouseMove)或按键(KeyPress)等。

事件一般具有与之相关联的程序代码。例如,为某命令按钮的 Click(单击鼠标)事件编写的程序代码将在单击该命令按钮(Click 事件发生)时执行。

2) 类

类刻划了一组具有共同特征的对象,是某一类对象的统称。在 Visual FoxPro 中,系统提供了一些基类,用户也可根据需要自己定义类。类具有继承性、多态性、封装性和抽象性等特点。

对象是类的实例,类是某一类对象的统称。

2. Visual FoxPro 中的类与控件

1) Visual FoxPro 中的基类

Visual FoxPro 系统提供了一些基类,用户可以基于基类生成所需要的对象,也可以扩展基类创建自己的类。Visual FoxPro 系统提供的基类如表 7-1 所示。

表 7-1　Visual FoxPro 的基类

基 类 名	说　明	基 类 名	说　明
FormSet 表单集	容器类	EditBox 编辑框	控件类
Form 表单	容器类	CommandButton 命令按钮	控件类
ToolBar 工具栏	容器类	Spinner 微调框	控件类
Grid 表格	容器类	ListBox 列表框	控件类
Column 表格列	容器类组成部分	ComboBox 组合框	控件类
Header 列标头	容器类组成部分	CheckBox 复选框	控件类
PageFrame 页框	容器类	OLE 绑定型控件	控件类
Page 页面	容器类组成部分	OLE 容器控件	控件类
CommandGroup 命令按钮组	容器类	Image 图像	控件类
OptionGroup 选项按钮组	容器类	Shape 形状	控件类
OptionButton 选项按钮	容器类组成部分	Line 线条	控件类
Label 标签	控件类	Separator 分隔符	控件类
TextBox 文本框	控件类	Timer 计时器	控件类

注：在类设计器中只能基于控件类创建子类，不能基于容器类及其组成部分创建子类。

2）Visual FoxPro 中的容器与控件

Visual FoxPro 中的类通常分为两种：容器类和控件类。

① 容器类：是包容其他类的基类，可以包含其他的控件或容器（表单、表格等）。这里把容器对象称为那些被包含对象的父对象。

② 控件类：一个可以以图形化的方式显示出来并能与用户进行交互的对象（命令按钮、文本框等）。

3）表单类型

① 应用程序的类型分为多文档界面和单文档界面。

② 表单类型有子表单、浮动表单和顶层表单 3 种。

3. 表单的创建

在 Visual FoxPro 中，一般可以使用下列 4 种方法之一创建一个新表单。

- 利用表单向导（表单向导，一对多向导）。
- 利用表单设计器修改已有的表单或创建新表单。
- 使用快速表单（表单生成器）。
- 使用命令方式创建表单。

格式：

```
CREATE FORM <表单名>
```

1）使用向导创建表单

Visual FoxPro 提供了两种表单向导来帮助用户创建表单，一是基于单表的"表单向导"，适合于创建基于一个表的表单，二是"一对多表单向导"，适合于创建基于两个具有一

对多关系的表的表单。使用向导创建的表单只能基于表,不能基于视图,且表单具有固定的外观、形状、功能。具体创建方法如下:

(1) 在"项目管理器"窗口中选择"文档"选项卡,然后选择"表单"。

(2) 单击"新建"按钮,弹出"新建表单"对话框。

(3) 在"新建表单"对话框中单击"表单向导"按钮。这时屏幕上会显示"向导选取"对话框。

(4) 在"向导选取"对话框中,如果选择"表单向导",则创建基于单表的表单,如果选择"一对多表单向导"则可创建基于一对多关系的两张相关表的表单,子表数据将以表格形式显示在表单内。

(5) 单表"表单向导"有 4 个步骤:

① 字段选取。

② 选取表单的样式与按钮类型。

③ 排序次序。选择字段或索引标识来排序记录。

④ 完成。可为表单设置一个标题,单击"完成"按钮后,系统要求用户在"另存为"对话框中输入表单的文件名及保存位置。

(6) "一对多表单向导"有 6 个步骤:

① 从父表中选定字段。

② 从子表中选定字段。

③ 建立表之间的关系,即选取建立关系的匹配字段。

④ 选取表单的样式与按钮类型。

⑤ 确定排序次序。即按照记录在父表中的排列顺序选择字段,同样可以选择索引标识。

⑥ 完成。可为表单设置一个标题,然后可以选择"预览"按钮运行表单,选择"完成"按钮后,系统要求用户在"另存为"对话框中输入表单的文件名及保存位置。

保存表单之后,在磁盘上产生两个文件:表单文件和表单的备注文件,扩展名分别为.scx 和.sct,该表单可以在"表单设计器"中打开并修改。

2) 使用表单设计器

Visual FoxPro 系统提供了一个功能强大的表单设计器,使得设计表单的工作变得又快又容易。表单设计器是创建与修改表单最常用的可视化工具。

还可以借助"表单设计器"把字段和控件添加到表单中,并且通过调整和对齐这些控件来定制表单。

表单设计器启动后,Visual FoxPro 主窗口上将出现"表单设计器"窗口,"属性"窗口,"表单控件"工具栏,"表单设计器"工具栏及"表单"菜单。

(1) "表单设计器"窗口。窗口内包含正在设计的表单,用户可以在表单窗口上可视化地添加和修改控件,表单窗口只能在"表单设计器"窗口下移动。

(2) "属性"窗口。包括对象框、属性设置框和属性、方法、事件列表框。

（3）表单控件工具栏。包括选定对象、查看类、生成器锁定和按钮锁定按钮。

（4）表单设计器工具栏。包括设置 Tab 键次序、数据环境、属性窗口、代码窗口、表单控件工具栏、调色板工具栏、布局工具栏、表单生成器和自动格式按钮。

（5）表单菜单。表单菜单中的命令主要用于创建表单、编辑表单或表单集。

4. 表单的编辑和运行

1）控件的操作与布局

（1）控件的基本操作。在表单设计器环境下，常需要对表单上的控件进行移动、复制、改变大小和删除等操作。

- 选定控件：用鼠标单击控件可选定该控件，被选定的控件四周会出现 8 个控制点。要选定连续的多个控件可采用画框或按下 Shift 键的同时连续单击各控件的方法。
- 移动控件：先选定控件，然后用鼠标将控件拖动到目的地，如果在拖动鼠标时按住 Ctrl 键，可使鼠标的移动步长减小。使用方向键也可以移动控件。
- 复制控件：先选定控件，单击"编辑"菜单下的"复制"选项，接下来选择"编辑"菜单下的"粘贴"选项，最终将复制产生的控件移动到需要的位置。
- 改变控件大小：先选定控件，接着拖动控件四周的 8 个控制点中的某个控制点来改变控件的宽和高。
- 删除控件：选定不需要的控件，然后按 Del 键或者选择"编辑"菜单下的"剪切"命令。

（2）控件的布局。用"布局"工具栏中的按钮，可以方便地调整表单窗口被选定控件的相对大小或位置。"布局"工具栏可通过单击"表单设计器"工具栏上的"布局工具栏"按钮或选择"显示"菜单下的"布局工具栏"命令来打开或关闭。

2）编辑事件处理代码

具体步骤如下：

① 进入代码编辑窗口。选择"显示"菜单下的"代码"命令或单击"表单设计器"工具栏上的"代码窗口"按钮或者双击对象，系统都会弹出代码编辑窗口。

② 在代码编辑窗口中，从"对象"下拉列表框中选择对象，从"过程"下拉列表框选择事件。

③ 在代码编辑窗口中输入编辑代码。

3）表单的保存和运行

在运行表单之前系统要求保存表单。如果在表单保存之前试图关闭"表单设计器"或运行表单，系统都将提示是否保存对表单已作的修改。

有几种方法可以运行设计好的表单，比如可在"项目管理器"窗口中选择要运行的表单，然后单击"运行"按钮，或者使用命令 DO FORM ＜表单文件名＞。当然运行表单最简便的方法是单击"表单设计器"工具栏上的运行按钮 ❗。

5．表单的常用属性、事件和方法

（1）表单的常用属性如表 7-2 所示。

表 7-2　表单的常用属性

属　　性	说　　明	默　认　值
AlwaysOnTop	控制表单是否总是处在其他打开窗口之上	.F.-假
AutoCenter	控制表单初始化时是否让表单自动地在 Visual FoxPro 主窗口内居中显示	.F.-假
BackColor	决定表单窗口的背景颜色	255,255,255
BorderStyle	决定表单边框的风格	3-可调边框
Caption	决定表单标题栏显示的文本	Form1
Closable	控制用户是否能通过单击"关闭"按钮来关闭表单	.T.-真
MaxButton	控制表单是否具有最大化按钮	.T.-真
MinButton	控制表单是否具有最小化按钮	.T.-真
Movable	控制表单是否能移动到屏幕的新位置	.T.-真
Scrollbars	控制表单所具有的滚动条类型	0-无
TitleBar	控制标题栏是否显示在表单的顶部	1-打开
ShowWindow	控制表单是否在屏幕中或悬浮在顶层表单中或作为顶层表单出现	0-在屏幕中
WindowState	控制表单的状态：0（正常）、1（最小化）、2（最大化）	0-普通
WindowType	控制表单为模式表单还是非模式表单（默认）	0-无模式

（2）表单的常用事件与方法如表 7-3 所示。

表 7-3　表单的常用事件与方法

事件/方法	说　　明
Init 事件	在对象建立时发生
Destroy 事件	在对象释放时发生
Error 事件	当对象方法或事件代码在运行过程中产生错误时发生
Load 事件	在表单对象建立之前引发
Unload 事件	在表单对象释放时引发
GotFocus 事件	当对象获得焦点时引发
Click 事件	用鼠标单击对象时引发
DbClick 事件	用鼠标双击对象时引发
RightClick 事件	用鼠标右键单击对象时引发
InteractiveChange 事件	当通过鼠标或者键盘交互式改变一个控件值时引发
Release 方法	将表单从内存中释放
Refresh 方法	重新绘制表单或控件
Show 方法	显示表单
Hide 方法	隐藏表单
SetFocus 方法	让控件获得焦点，使其成为活动对象

6. 表单的数据环境

数据环境包含了与表单有联系的表和视图以及表之间的关系。通常情况下,数据环境中的表或视图会随着表单的打开或运行而打开,并随着表单的关闭或释放而关闭。可以用数据环境设计器来设置表单的数据环境。

1) 打开数据环境设计器

在表单设计器环境下,单击"表单设计器"工具栏上的"数据环境"按钮,或选择"显示"菜单中的"数据环境"选项,即可打开"数据环境设计器"窗口。

2) 向数据环境添加表或视图

具体操作步骤为:

① 选择"数据环境"→"添加"选项,或右击"数据环境设计器"窗口,然后在弹出的快捷菜单中选择"添加"命令,打开"添加表或视图"对话框。如果数据环境原来是空的,那么在打开数据环境设计器时,该对话框会自动出现。

② 选择要添加的表或视图并单击"添加"按钮。如果单击"其他"按钮,将调出"打开"对话框,用户可以从中选择需要的表。如果数据环境原来是空的且没有打开的数据库,那么在打开数据环境设计器时,"打开"对话框会自动出现。

3) 从数据环境移去表或视图

具体操作步骤为:

① 在"数据环境设计器"窗口中,单击选择要移去的表或视图。

② 选择"数据环境"菜单中的"移去"命令,也可以用鼠标右键单击要移去的表或视图,然后在弹出的快捷菜单中选择"移去"命令。

4) 在数据环境中设置关系

将主表的某个字段拖动到子表的相匹配的索引标记上即可。如果子表上没有与主表字段相匹配的索引,也可以将主表字段拖动到子表的某个字段上,这时应根据系统提示确认创建索引。

5) 在数据环境中编辑关系

编辑关系主要通过设置关系的属性来完成。要设置关系属性,可以先单击表示关系的连线选定关系,然后在"属性"窗口中选择关系属性并设置。

7. 常用表单控件

表单设计离不开控件,要想很好地使用和设计控件,就必须了解控件相应的属性、方法和事件。下面通过介绍各种控件的主要属性来了解常用控件的使用和设计。

1) 标签控件

标签是用以显示文本的图形控件,通过 Caption 属性指定要显示的文本,称为标题文本。标签的标题文本还可以在代码中通过重新设置 Caption 属性间接修改。标签的标题文本最多可包含的字符数目是 256。

标签具有自己的一套属性、方法和事件,能够响应绝大多数鼠标事件。

(1) Caption 属性:用于指定标签的标题文本。很多控件类都具有 Caption 属性,如表单、复选框、选项按钮、命令按钮等。用户可以利用该属性为所创建的对象指定标题文本。

（2）Alignment 属性：用于指定标题文本在控件中显示时的对齐方式。

（3）BackStyle 属性：用于设置标签的背景是否透明。

（4）AutoSize 属性和 WordWrap 属性：调整标签控件在表单上的大小，既可以通过鼠标的拖放操作进行调整，也可以通过对 AutoSize 属性和 WordWrap 属性的设置自动地调整。

AutoSize 属性决定是否可以根据文本和字体大小自动地调整标签的大小。WordWrap 属性用于确定标签上显示的文本能否换行。

2）命令按钮控件

命令按钮最典型的功能是用来启动某个事件代码、完成特定功能，如关闭表单、移动记录指针、打印报表等。

（1）Caption 属性：在按钮上显示的标题。

（2）Default 属性和 Cancel 属性：当 Default 属性值为.T.，且当此按钮被设为焦点时，按 Enter 键等同于单击本按钮。"确定"按钮的 Default 属性常设为.T.。当 Cancel 属性值为.T.，且当此按钮被设为焦点时，单击此按钮与按 Esc 键等同。"取消"按钮的 Cancel 属性常设为.T.。

（3）Enabled 属性：指定表单或控件能否响应由用户引发的事件。默认值为.T.，即对象是有效的，能被选择，能响应用户引发的事件。

（4）Visible 属性：指定对象是可见还是隐藏。在表单设计器中，默认值为.T.，即对象是可见的。

3）命令按钮组控件

命令按钮组是包含一组命令按钮的容器控件，用户可以单个或作为一组来操作其中的按钮。在表单设计中，为了选择命令按钮组中的某个按钮，以便为其单独设置属性、方法或事件，可采用以下两种方法：

- 从属性窗口的对象下拉式组合框中选择所需的命令按钮。
- 右击命令按钮组，然后从弹出的快捷菜单中选择"编辑"命令。

（1）ButtonCount 属性：指定命令按钮组中命令按钮的数目，默认值是 2。

（2）Buttons 属性：用于存取命令按钮组中各按钮的数组。

（3）BackStyle 属性：命令按钮组是否具有透明或不透明的背景。

（4）Value 属性：当前选中的按钮的序号。

（5）Visible 属性：指定对象是可见还是隐藏。

4）文本框控件

文本框是 Visual FoxPro 里一种常用的控件。Visual FoxPro 的编辑功能，如剪切、复制和粘贴，在文本框内都可使用。文本框一般包含一行数据。文本框可以编辑任何类型的数据，如字符型、数值型、逻辑型、日期型和日期时间型等。

（1）Alignment 属性：文本框的内容是左对齐、右对齐、居中还是自动对齐。

（2）ControlSource 属性：指定与文本框绑定的表字段或内存变量。

（3）InputMask 属性：指定每个字符输入时必须遵守的规则。

（4）PasswordChar 属性：指定是显示用户输入的字符还是显示指定的占位符（通常为＊）。

（5）ReadOnly 属性：文本框的文本是否只读。

（6）TabStop 属性：用户能否用 Tab 键选择该控件。

（7）Value 属性：返回文本框的当前内容。

5）编辑框控件

与文本框一样，编辑框也用来输入、编辑数据，但它有自己的特点。

编辑框实际上是一个完整的字处理器，利用它能够选择、剪切、粘贴以及复制正文，可以实现自动换行，能够有自己的垂直滚动条，可以用箭头键在文件里面移动光标。

编辑框只能输入、编辑字符型数据，包括字符型内存变量、数组元素、字段以及备注字段里的内容。

（1）AllowTabs 属性：用于指定编辑框控件中能否使用 Tab 键。

（2）HideSelection 属性：用于指定当编辑框失去焦点时，编辑框中选定的文本是否仍显示为选定状态。

（3）ReadOnly 属性：用于指定用户能否编辑编辑框中的内容。

（4）ScrollBars 属性：用于指定编辑框是否具有滚动条。

（5）SelStart 属性：返回用户在编辑框中所选文本的起始点位置或插入点位置。

（6）SelLength 属性：返回用户在控件的文本输入区中所选定字符的数目，或指定要选定的字符数目。

（7）SelText 属性：返回用户编辑区内选定的文本，如果没有选定任何文本，则返回空串。

6）复选框控件

一个复选框用于标记一个两值状态，当处于“．T．”状态时，复选框中显示一个对勾，否则，复选框内显示为空白。

（1）Caption 属性：用来指定显示在复选框旁边的文字。

（2）Value 属性：用来指明复选框的当前状态。

（3）ControlSource 属性：用来指明与复选框建立联系的数据源。作为数据源的字段变量或内存变量，其类型可以是逻辑型或数值型。

7）选项按钮组（OptionGroup）控件

选项按钮组是包含选项按钮的一种容器。一个选项按钮组中往往包含若干个选项按钮，但用户只能从中选择一个按钮。当用户选择某个选项按钮时，该按钮即成为被选中状态，而选项中的其他选项按钮，不管原来是什么状态，都变为未选中状态。被选中的选项按钮中会显示一个圆点。

（1）ButtonCount 属性：指定选项按钮组中选项按钮的数目。

（2）Value 属性：用于指定选项组中哪个选项按钮被选中。

（3）ControlSource 属性：指明与选项组建立联系的数据源。作为数据源的字段变量或内存变量，其类型可以是数值型或字符型。

（4）Buttons 属性：用于存取选项按钮组中各按钮的数组。

8）列表框控件

列表框提供一组条目，用户可以从中选择一个或多个条目。

（1）RowSourceType 属性与 RowSource 属性：RowSourceType 属性指明列表框中条目数据源的类型。RowSource 属性指定列表框的条目数据源。

（2）List 属性：用以存取列表框中数据条目的字符串数组。

（3）ListCount 属性：指明列表框中数据条目的数目。

（4）ColumnCount 属性：指定列表框的列数。

（5）Value 属性：返回列表框中被选中的条目。

（6）ControlSource 属性：用户通过该属性指定一个字段或变量用以保存用户从列表框中选择的结果。

（7）Selected 属性：指定列表框内的某个条目是否处于选定状态。

（8）MultiSelect 属性：指定用户能否在列表框控件内进行多重选定。

9）组合框控件

组合框与列表框类似，也是用于提供一组条目供用户从中选择。上面介绍的有关列表框的属性、方法，组合框同样具有（除 MultiSelect 外），并且具有相似的含义。组合框和列表框的主要区别在于：

- 对于组合框来说，通常只有一个条目是可见的。用户可以单击组合框上的下箭头按钮打开条目列表，以便从中选择。所以相比列表框，组合框能够节省表单里的显示空间。
- 组合框不提供多重选择的功能，没有 MultiSelect 属性。
- 组合框有两种形式：下拉组合框和下拉列表框。通过设置 Style 属性可以选择想要的形式。

10）表格控件

表格是一种容器对象，按行和列的形式显示数据。一个表格对象由若干列对象（Column）组成，每个列对象包含一个标头对象（Header）和若干个列控件。

（1）RecordSourceType 属性与 RecordSource 属性：RecordSourceType 属性指明表格数据源的类型。RecordSource 属性指定表格数据源。

（2）ColumnCount 属性：指定表格的列数，也即一个表格对象所包含的列对象的数目。

（3）LinkMaster 属性：用于指定表格控件中所显示的子表的父表名称。

（4）Childorder 属性：用于指定为建立一对多的关联关系，子表所要用到的索引。

（5）DeleteMark 属性：指定在表格控制中是否出现删除标记列。

11）页框控件

页框是包含页（Page）的容器对象，而页面本身也是一种容器，其中可以包含所需要的控件。利用页框、页面和相应的控件可以构建大家熟知的选项卡对话框。

（1）PageCount 属性：用于指明一个页框对象所包含的页对象的数量。PageCount 属性的最小值是 0，最大值是 99。

（2）Pages 属性：Pages 属性是一个数组，用于存取页框中的某个页对象。

（3）Tabs 属性：指定页框中是否显示页面标签。

（4）TabStetch 属性：如果页面标题文本太长，标签栏无法在指定宽度的页框内显示出来，可以通过 TabStech 属性指明行的显示方式。

（5）ActivePage 属性：返回页框中活动的页号，或使页框中指定页成为活动的。

12）计时器控件

计时器（Timer）是利用系统时钟触发计时器的 Timer 事件，响应某个功能，在一定的时间间隔周期性地执行某些重复操作。程序运行时该控件是看不见的，只在后台运行。

（1）Interval 属性：指定调用计时器 Timer 事件的时间间隔，以毫秒为单位。

（2）Enabled 属性：指定计时器计时的开始（.T.）和停止（.F.）。

Timer 事件是由系统激发的，该事件每隔 Interval 属性所设置的毫秒数便自动触发一次。Timer 事件发生后，计时器重新清零，如果计时器仍然有效，则又开始另一次计时。

下面是本章的上机实验。

7.2　实验 7-1　表单设计基础

【实验目的】

（1）掌握使用表单向导创建表单的方法。
（2）熟悉表单设计器的使用。
（3）掌握控件属性的设置方法。
（4）掌握为控件编辑相应事件代码的方法。
（5）掌握使用表单生成器创建表单的方法。

【实验内容及步骤】

实验准备：

① 下载"Visual FoxPro 实验素材"到 E 盘并解压缩。

② 设置当前工作目录为 E:\Visual FoxPro 实验素材\实验 7-1。

1. 使用表单向导创建基于单表的表单

利用表单向导创建基于 XS 表的单表表单。

操作步骤如下：

① 打开"教学管理系统"项目管理器，在"文档"选项卡中选中"表单"，单击"新建"按钮，在随之出现的"新建表单"对话框中单击"表单向导"，打开"向导选取"对话框，如图 7-1所示，选择第一行"表单向导"，单击"确定"按钮。

② 在如图 7-2 所示的"步骤 1—字段选取"对话框中选择 XS 表，从"可用字段"表中选定所需字段 xh，然后双击，就把该字段添加到"选定字段"表中，依次添加 Xm、Xb、Csrq、Zydh、Jg、Jl 和 Zp 字段，单击"下一步"按钮。

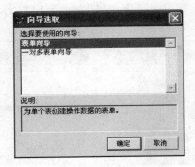

图 7-1　"向导选取"对话框

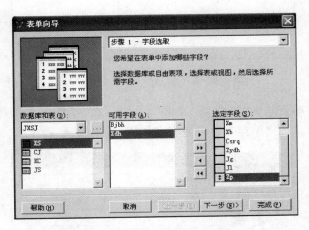

图 7-2　表单向导步骤 1—字段选取

③ 在如图 7-3 所示的"步骤 2—选择表单样式"对话框中选取样式"浮雕式",单击"下一步"按钮。

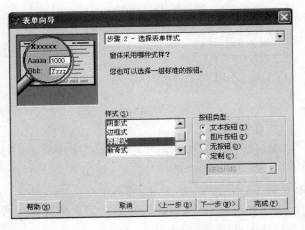

图 7-3　表单向导步骤 2—选择表单样式

④ 在如图 7-4 所示的"步骤 3—排序次序"对话框中单击 xh 字段,然后单击"添加"按钮,再单击"下一步"按钮。

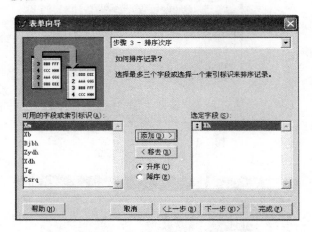

图 7-4   表单向导步骤 3—排序次序

⑤ 进入如图 7-5 所示的"步骤 4—完成"对话框,在"请键入表单标题"文本框中输入标题"学生情况表",单击"保存表单以备将来使用"选项按钮,再单击"完成"按钮。

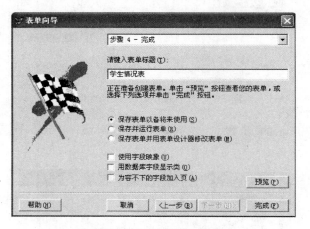

图 7-5   表单向导步骤 4—完成

⑥ 在如图 7-6 所示的"另存为"对话框的"保存表单为"文本框中输入表单名 xs_form,然后单击"保存"按钮。

⑦ 运行表单。在项目管理器窗口中的"文档"选项卡中可看到表单 xs_form 已列在其中,选中表单 xs_form,单击右侧的"运行"按钮。单击表单上的各按钮查验表单的运行情况,最后单击表单上的"退出"按钮,结束表单的运行。

利用向导创建的表单在保存后,可以在表单设计器中打开并修改它。

采用同样的步骤创建 js 表表单,取名为 js_form。

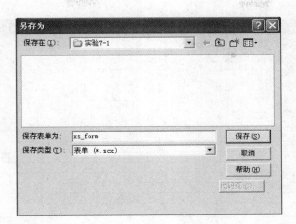

图 7-6 "另存为"对话框

2. 使用表单向导创建一对多关系的表单

利用表单向导创建基于 XS 表和 CJ 表的一对多关系的表单。

操作步骤如下：

① 打开"教学管理系统"项目管理器，在"文档"选项卡中选中"表单"，单击"新建"按钮，在随之出现的"新建表单"对话框中单击"表单向导"打开"向导选取"对话框，选择第二行"一对多表单向导"，单击"确定"按钮。弹出"一对多表单向导"对话框。

② 从父表中选定字段。首先在"数据库和表"列表框中单击选中 xs 表，然后分别双击"可用字段"列表框中的 xh、xm、xb、zydh、xdh、jg、csrq，使之添加到"选定字段"中，最后单击"下一步"按钮。

③ 从子表中选定字段。单击选中 cj 表，然后分别双击"可用字段"列表框中的 xh、kcdh、cj，使之添加到"选定字段"中，最后单击"下一步"按钮。

④ 建立表之间的关系。系统自动地将表之间的永久关系作为默认关系，单击"下一步"按钮。

⑤ 选择表单样式。样式选用"浮雕式"，按钮类型选择"文本按钮"，单击"下一步"按钮。

⑥ 排序次序。选择 xh 字段，单击"添加"按钮，最后单击"下一步"按钮。

⑦ 在"请键入表单标题"文本框中输入标题"学生成绩情况"，单击"保存表单以备将来使用"选项按钮，再单击"完成"按钮，完成操作。

⑧ 在"另存为"对话框的"保存表单为"文本框中输入表单名 xscj_form，然后单击"保存"按钮。

⑨ 运行表单。在项目管理器窗口中的"文档"选项卡中可看到表单 xscj_form 已列在其中，选中表单 xscj_form，单击右侧的"运行"按钮，运行效果如图 7-7 所示。

单击表单上的各按钮查验表单的运行情况，最后单击表单上的"退出"按钮，结束表单的运行。

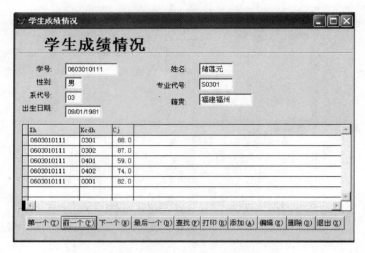

图 7-7 "学生成绩情况"表单

采用同样的步骤创建 kc 表和 cj 表的一对多表单,取名为 kccj_form。

3. 使用表单设计器修改表单

利用表单设计器修改表单 xs_form。

操作步骤如下:

① 在项目管理器窗口的"文档"选项卡中,选择表单 xs_form,单击右侧的"修改"按钮。则打开了表单设计器窗口和属性窗口。

② 在表单设计器窗口中单击选中 xh 标签控件,在属性窗口的属性列表中单击 Caption 属性,在文本框中将 Xh 改为"学号",然后单击确认"√"按钮;以此类推,设置 Xm 的 Caption 属性为"姓名"、Xb 的 Caption 属性为"性别"、Csrq 的 Caption 属性为"出生日期"、Zydh 的 Caption 属性为"专业代号"、Jg 的 Caption 属性为"籍贯"、Jl 的 Caption 属性为"简历"、Zp 的 Caption 属性为"照片"。

③ 按照图 7-9 所示拖动控件调整学号、姓名、性别、出生日期、专业代号、籍贯、简历和照片等控件的位置。

④ 按住键盘上的 Shift 键保持不动,再分别单击学号、性别、专业代号、简历、姓名、出生日期、籍贯和照片控件,则 8 个控件同时被选定。

⑤ 在属性窗口的多重选定属性列表中设置:AutoSize 属性为". T. -真"(自动适应大小),FontSize 属性为 10(字体大小),FontBold 属性为". T. -真"(粗体)。单击空白处取消多重选定。

⑥ 使用"格式"菜单或"布局"工具栏调整控件的位置。最终将表单的布局修改成如图 7-9 所示。

⑦ 保存并运行表单。单击"常用"工具栏上的运行按钮 !,弹出如图 7-8 所示对话框,单击"是"按钮,保存更改,运行结果如图 7-9 所示。

图 7-8　保存修改对话框

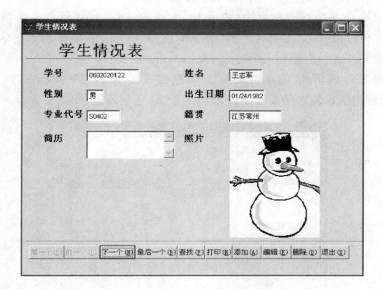

图 7-9　修改后的"学生情况表"表单

4. 编写事件代码

事件代码是在代码窗口中设置的。打开"代码"窗口的方法有四种：一是利用"显示"菜单中的"代码"命令；二是利用"表单设计器"工具栏上的"代码窗口"按钮；三是在"表单设计器"窗口中双击某控件；四是在"属性"窗口的属性列表中双击某事件名称。

① 在项目管理器窗口的"文档"选项卡中，选择表单 xs_form，单击右侧的"修改"按钮。

② 在属性窗口的列表中查找并双击 Init Event(Init 事件)，打开代码窗口。

③ 在代码窗口中输入下列代码：

```
ThisForm.Caption = "我的表单"
```

④ 单击"常用"工具栏上的运行按钮 ❗ 运行表单，查看表单标题的变化。

⑤ 单击表单右上角的关闭按钮关闭表单。

5. 使用表单生成器创建表单

利用表单生成器，可以快速地产生基于表或视图的字段控件，可以帮助用户快速创建一个简单的表单。

表单的设计和应用

下面使用表单生成器创建一个基于 kc 表的表单。

操作步骤如下：

① 打开"教学管理系统"项目管理器，在"文档"选项卡中选中"表单"，单击"新建"按钮，在随之出现的"新建表单"对话框中单击"新建表单"按钮，系统则打开表单设计器窗口，其中包含一个初始的空白表单 Form1。

② 设置表单的 Caption 属性，使表单标题为"课程情况"。

③ 选择下面的任一种方法打开"表单生成器"对话框。

打开"表单生成器"对话框的方法有 3 种。一是利用"表单"菜单中的"快速表单"命令；二是利用"表单设计器"工具栏上的"表单生成器"按钮；三是在表单上单击鼠标右键后，选择快捷菜单中的"生成器"命令。

④ 在如图 7-10 所示的"表单生成器"对话框的"数据库和表"列表中选择 KC 表，然后单击按钮 ，就把 KC 表中的所有字段添加到了"选定字段"表中。

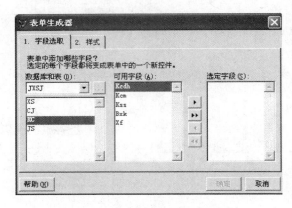

图 7-10 "表单生成器"对话框(1)

⑤ 单击"表单生成器"对话框中的"样式"选项卡，在如图 7-11 所示的"样式"列表框中选择"浮雕式"，然后单击"确定"按钮。

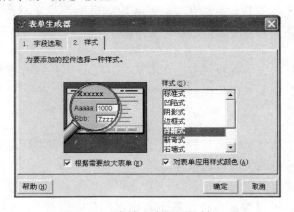

图 7-11 "表单生成器"对话框(2)

⑥ 将表单以 kc_form 为文件名保存并运行。

观察创建的表单,会发现对于 KC 表所选择的每个字段,生成器生成了两个控件,一个是标签控件,另一个是文本框控件或复选框控件等。表单生成器使得向表单中添加(基于表或视图的)字段控件十分方便。但表单中不产生用于记录定位等的控件按钮。用户可进一步通过添加控件或修改表单操作来定制该表单。

6. 定制通过表单生成器创建的表单

定制通过表单生成器创建的表单 kc_form。

操作步骤如下:

① 在项目管理器窗口的"文档"选项卡中,选择表单 kc_form,单击右侧的"修改"按钮。则打开了表单设计器窗口和属性窗口。

② 选定表单上所有的控件,设置所有控件的 FontSize 属性值为 12,设置所有标签控件的 AutoSize 属性都为". T. -真"。

③ 打开"属性"窗口,修改表单上所有标签控件的 Caption 属性,将 kcdh 改为"课程代号",将 kcm 改为"课程名称",将 kss 改为"课时数",将 bxk 改为"是否必修课",将 xf 改为"学分"。

④ 通过"表单控件工具栏"向表单添加三个命令按钮,并修改其 Caption 属性,将 Command1 改为"上一个",将 Command2 改为"下一个",将 Command3 改为"退出"。

⑤ 设置三个命令按钮控件的 FontSize 属性值均为 12,AutoSize 属性都为". T. -真"。

⑥ 利用"格式"菜单或"布局"工具栏将表单布局修改成如图 7-12 所示。

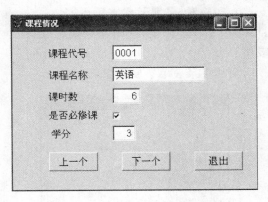

图 7-12　修改后的"课程情况"表单

⑦ 双击表单上的"上一个"按钮,打开代码窗口。在代码窗口中输入下列代码:

```
Sele kc
If !Bof( )
Skip − 1
Endif
ThisForm.Refresh
```

⑧ 在代码窗口的对象列表中选择 Command2,编写"下一个"按钮的 Click 事件代码。

```
Sele kc
If !Eof()
Skip
Endif
ThisForm.Refresh
```

⑨ 在代码窗口的对象列表中选择 Command3,编写"退出"按钮的 Click 事件代码。

```
ThisForm.Release
```

⑩ 保存并运行表单,查看表单运行情况。最后关闭表单。

7.3 实验 7-2 表单控件的应用(1)

【实验目的】

(1) 熟练掌握表单设计器的使用。

(2) 掌握标签、文本框、命令按钮和选项按钮组等常用控件的使用。

【实验内容及步骤】

实验准备:

① 下载"Visual FoxPro 实验素材"到 E 盘并解压缩。

② 设置当前工作目录为 E:\Visual FoxPro 实验素材\实验 7-2。

1. 设计一个登录表单

设计一个如图 7-13 所示的登录表单。要求如下:

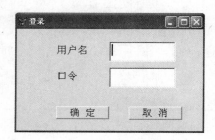

图 7-13 登录表单

① 当用户输入用户名和口令(口令全部显示为"＊")后,单击"确定"按钮,即在口令表(KL.dbf)中对该用户名和口令进行相应检验。

② 如果全部正确,则弹出一个消息框,显示"登录成功!"。

③ 如果用户名或口令输入有一个是错误的话,则弹出相应的消息框提示"用户名或口令出错,请重新输入!"。

④ 当用户连续三次输入错误时,系统提示"非法用户,系统将自动关闭!",自动退出该表单。

⑤ 用户可随时单击"取消"按钮,退出登录界面。

操作步骤如下:

1) 建立后台数据表

① 打开"教学管理系统"项目管理器,在"数据"选项卡中选择 jxsj 数据库中的"表",单击"新建"按钮,在随之出现的"新建表"对话框中单击"新建表"按钮,系统则打开"创建"对话框,在"输入表名"文本框中输入表名 KL,单击"保存"按钮。

② 在弹出的表设计器中,按表 7-4 所示建立口令表(KL.dbf)。

2) 创建用户界面

① 在"教学管理系统"项目管理器中新建一个表单,在表单上添加两个 Label(标签)控件、两个 Text(文本框)控件和两个 Command(命令按钮)控件,并合理分布或对齐,可通过"格式"菜单对控件进行对齐、尺寸、调整间距等操作,如图 7-14 所示。

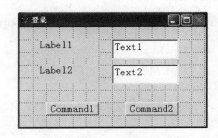

图 7-14　控件布局

表 7-4　口令表

用户名	口令
超级用户	adm
一般用户	user

② 按照表 7-5 所示设置各控件的属性。

表 7-5　对象的属性设置表

对象	属性名称	属性值
所有控件	FontSize	14
	FontName	宋体
Form1	Name	Login
	Caption	登录
Label1	Name	lbName
	Caption	用户名
	AutoSize	.T. - 真
Label2	Name	lbPassword
	Caption	口令
	AutoSize	.T. - 真
Text1	Name	txtName
	Value	(无)

对　　象	属 性 名 称	属 性 值
Text2	Name	txtPassword
	Value	（无）
	PasswordChar	*
Command1	Name	cmdOK
	Caption	确定
Command2	Name	CmdCancel
	Caption	取消

3) 编写事件代码

① 编写表单 Form1(Login)的 Load 事件代码(在表单 Load 事件中定义全局变量)。

```
Public I
I = 0
Use KL
```

② 编写"确定"按钮的 Click 事件代码。

```
xm = ThisForm.txtName.Value
pw = ThisForm.txtPassword.Value
Use KL
Locate For 用户名 = Alltrim(xm)
I = I + 1
If found() = .T.
    If 口令 = Alltrim(pw)
        MessageBox("登录成功!")
        ThisForm.Release
    Endif
Else
    If I<3
        MessageBox("用户名或口令出错,请重新输入!")
        ThisForm.txtName.Value = ""
        ThisForm.txtPassword.Value = ""
        ThisForm.txtName.SetFocus
    Else
        MessageBox("非法用户,系统将自动关闭!")
        ThisForm.Release
    Endif
Endif
```

③ 编写"取消"按钮的 Click 事件代码。

```
ThisForm.Release
```

4）以 kl_form 为文件名保存并运行表单

验证各项功能观察结果如图 7-15 所示。

图 7-15　验证登录表单

2. 设计一个计算圆周长和圆面积的表单

设计一个如图 7-16 所示的计算圆周长和圆面积的表单。要求如下：

图 7-16　计算圆周长和圆面积的表单

① 当用户在文本框 1 中输入一个半径值后，通过单选按钮选择计算圆周长还是圆面积。

② 如果选择圆周长，单击"计算"按钮，如果输入了有效的半径值，则在文本框 2 中显示根据半径计算出的圆周长值，并在标签 2 中同步显示"圆周长为："。如果输入的半径值小于等于 0，则输出提示对话框"输入的数据无效，请重新输入！"。

③ 如果选择圆面积，单击"计算"按钮，则在文本框 2 中显示根据半径计算出的圆面积值，并在标签 2 中同步显示"圆面积为："。

④ 用户可随时单击"退出"按钮，退出表单。

操作步骤如下：

1）创建用户界面

① 在"教学管理系统"项目管理器中新建一个表单，在表单上添加两个标签、两个文本框、一个单选按钮组和两个命令按钮控件，并参照图 7-16 合理分布或对齐控件，可通过"格式"菜单对控件进行对齐、尺寸、调整间距等操作。

② 按照表 7-6 所示设置各控件的属性。

表 7-6　对象的属性设置表

对　　象		属 性 名 称	属 性 值
所有控件		FontSize	11
		FontName	宋体
Form1		Name	F1
		Caption	计算圆周长和圆面积
Label1		Name	Lb1
		Caption	请输入圆的半径
		AutoSize	. T. - 真
Label2		Name	Lb2
		Caption	（空）
		AutoSize	. T. - 真
Text1		Name	Txt1
		Value	（无）
Text2		Name	Txt2
		Value	（无）
Optiongroup1		ButtonCount	2
Optiongroup1	Option1	Caption	圆周长
		AutoSize	. T. - 真
	Option2	Caption	圆面积
		AutoSize	. T. - 真
Command1		Name	cmdOK
		Caption	计算
Command2		Name	CmdCancel
		Caption	退出

2）编写事件代码

① 编写"计算"按钮的 Click 事件代码。

```
r = Val(ThisForm.txt1.Value)
If r< = 0
    MessageBox("输入的数据无效,请重新输入!",0 + 48,"信息提示")
Else
    If ThisForm.Optiongroup1.Value = 1
        ThisForm.Lb2.Caption = "圆周长为: "
        ThisForm.Txt2.Value = 2 * 3.14159 * r
    Endif
    If ThisForm.Optiongroup1.Value = 2
        ThisForm.Lb2.Caption = "圆面积为: "
        ThisForm.Txt2.Value = 3.14159 * r * r
    Endif
Endif
ThisForm.Txt1.SetFocus
```

② 编写"退出"按钮的 Click 事件代码。

`ThisForm.Release`

3）保存表单

单击"保存"按钮,弹出"保存"对话框,输入表单文件名 round_form,然后单击"保存"按钮。

4）运行表单

在命令窗口输入:Do Form round_form,输入半径值 2,然后单击"计算"按钮,运行结果如图 7-16 所示。

7.4　实验 7-3　表单控件的应用(2)

【实验目的】

(1) 熟练掌握表单设计器的使用。
(2) 掌握表格、命令按钮组等常用控件的使用。

【实验内容及步骤】

实验准备:
① 下载"Visual FoxPro 实验素材"到 E 盘并解压缩。
② 设置当前工作目录为 E:\Visual FoxPro 实验素材\实验 7-3。

1. 设计一个学生成绩查询表单

设计一个如图 7-17 所示的学生成绩查询的表单。要求如下:

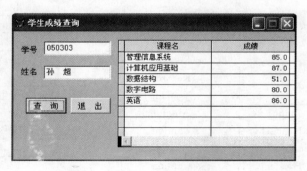

图 7-17　学生成绩查询表单

① 当用户输入学号后,单击"查询"按钮,则在姓名文本框中显示该学生的姓名并在右侧表格中显示该学生的各门课成绩。
② 用户可随时单击"退出"按钮,退出表单。
操作步骤如下:

表单的设计和应用

1）创建用户界面

① 在"教学管理系统"项目管理器中新建一个表单，在表单上添加两个标签、两个文本框、两个命令按钮和一个表格控件，并参照图 7-17 合理分布或对齐控件，可通过"格式"菜单对控件进行对齐、尺寸、调整间距等操作。

② 按照表 7-7 所示设置各控件的属性。

表 7-7 对象的属性设置表

对　　象		属性名称	属性值
所有控件		FontSize	10
		FontName	宋体
Form1		Name	cjcxform
		Caption	学生成绩查询
		AutoCenter	. T. - 真
Label1		Name	Lb1
		Caption	学号
		BackStyle	0 - 透明
Label2		Name	Lb2
		Caption	姓名
		BackStyle	0 - 透明
Text1		Name	Txt1
		Value	（无）
Text2		Name	Txt2
		Value	（无）
		ReadOnly	. T. - 真
Grid1		ColumnCount	2
		Name	Grd1
		DeleteMark	. F. - 假
		RecordSourceType	1 - 别名
		RecordSource	cj
		ToolTipText	学生成绩查询
Grid1	Column1 的 Header1	Alignment	2 - 居中
		Caption	课程名
	Column2 的 Header1	Alignment	2 - 居中
		Caption	成绩
Command1		Name	Cmdcx
		Caption	查询
		Default	. T. - 真
Command2		Name	CmdCancel
		Caption	退出
		Cancel	. T. - 真

2）编写事件代码

① 编写表单（Form1）的 load 事件代码。

```
Create Cursor cur_cj(xh c(10),xm c(8),kcm c(20),cj n(4,1))
Index on kcm   Tag Ind_kcm
```

② 编写"查询"按钮的 Click 事件代码。

```
Set Safe Off
Local lsxh
lsxh = Allt(Thisform.txt1.Value)
Select cur_cj
Zap
If Len(lsxh) <= 0
    = MessageBox('请先输入学号','提示')
    ThisForm.Txt1.SetFocus
Else
Select xs.xh,xs.xm,kc.kcm,cj.cj From cj,xs,kc Where  cj.xh == xs.xh;
      And cj.kcdh == kc.kcdh  And cj.xh == lsxh  Into curs cj_tmp
    If Reccount( ) <= 0
        ThisForm.Txt2.Value = ''
         = MessageBox('该学号无成绩,请重新输入学号!','提示')
        ThisForm.Txt1.Value = ''
        ThisForm.Txt1.SetFocus
    Else
        Select cur_cj
        Append From DBF("cj_tmp")
    Endif
Endif
ThisForm.Txt2.Value = cur_cj.xm
ThisForm.Refresh
```

③ 编写"退出"按钮的 Click 事件代码。

```
If Used('cj_cur')
    Use In cj_cur
Endif
ThisForm.Release
```

3）保存表单

单击"保存"按钮，弹出"保存"对话框，输入表单文件名 cjcx_form，然后单击"保存"按钮。

4）运行表单

在命令窗口输入：Do Form cjcx_form，输入学号 050303，然后单击"查询"按钮，运行结果如图 7-17 所示。

2. 设计一个简易计算器表单

设计一个如图 7-18 所示的简易计算器的表单。要求如下：

图 7-18 简易计算器表单

① 当用户单击 0～9、小数点和"＋"、"－"、"＊""/"组成任一表达式后,该表达式会显示在文本框中。

② 当用户单击"＝"按钮,将计算结果显示在表达式后。

③ 单击"清除"按钮,清空文本框。

④ 用户可随时单击"关闭"按钮,退出表单。

操作步骤如下:

1) 创建用户界面

① 在"教学管理系统"项目管理器中新建一个表单,在表单上添加一个文本框、两个命令按钮和一个命令按钮组控件(注意添加次序,按表 7-8 指定的顺序添加),并参照图 7-18 合理分布或对齐控件,可通过"格式"菜单对控件进行对齐、尺寸、调整间距等操作。

② 按照表 7-8 所示设置各控件的属性。

表 7-8 对象的属性设置表

对　　象	属 性 名 称	属 性 值
Form1	Caption	简易计算器
	AutoCenter	. T. - 真
Text1	Value	(无)
	FontSize	12
Command1	Name	CmdClear
	Caption	清除
Command2	Name	CmdCancel
	Caption	退出
Commandgroup1	BottonCount	16
	Name	CmdGrp1
	Height	156
	Width	200
	Top	60
	Left	24

注:命令按钮组由 16 个按钮组成,设置前九个按钮的标题分别为 1～9,后七个按钮的标题为"0"、"·"(小数点)、"＝"(等号)、"＋"、"－"、"×"和"/"。所有按钮的 Height 为 25,Width 为 25。

2）编写事件代码

① 编写命令按钮组（Commandgroup1）的 Click 事件代码。

```
If ThisForm. Tag = 'T'
    ThisForm. Text1. Value = Allt(right(str(This. Value),1))
    ThisForm. Tag = ''
Else
    a = ThisForm. Text1. Value
    ThisForm. Text1. Value = a + Allt(right(str(This. Value),1))
Endif
```

它的功能是接收每个按钮输入的字符，并将它们连接成一个计算表达式。

② 编写". "小数点按钮的 Click 事件代码。

```
a = ThisForm. Text1. Value
ThisForm. Text1. Value = a + '.'
ThisForm. Tag = ''
```

③ 编写"＋"加号按钮的 Click 事件代码。

```
a = ThisForm. Text1. Value
ThisForm. Text1. Value = a + '+'
ThisForm. Tag = ''
```

④ 编写"－"减号按钮的 Click 事件代码。

```
a = ThisForm. Text1. Value
ThisForm. Text1. Value = a + '－'
ThisForm. Tag = ''
```

⑤ 编写"×"乘号按钮的 Click 事件代码。

```
a = ThisForm. Text1. Value
ThisForm. Text1. Value = a + '*'
ThisForm. Tag = ''
```

⑥ 编写"/"除号按钮的 Click 事件代码。

```
a = ThisForm. Text1. Value
ThisForm. Text1. Value = a + '/'
ThisForm. Tag = ''
```

⑦ 编写"＝"等号按钮的 Click 事件代码。

```
* " = "等号按钮的功能是计算表达式的结果
a = ThisForm. Text1. Value
b = " = "
ThisForm. Text1. Value = a + b + Allt(str(&a,12,2))
                && 结果显示在 Text1 中,总长度 12 位,小数点后保留两位
ThisForm. Tag = 't'
```

⑧ 编写"清除"按钮的 Click 事件代码。

```
ThisForm.Text1.Value = ''
```

⑨ 编写"关闭"按钮的 Click 事件代码。

```
ThisForm.Release
Clear Events
```

3）保存表单

单击"保存"按钮,弹出"保存"对话框,输入表单文件名"简易计算器",单击"保存"按钮。

4）运行举例

单击"常用"工具栏上的运行按钮 ！ 运行表单。

例如,输入表达式"169＋32/5",再单击"＝"按钮,则在文本框中显示如图 7-18 所示的计算结果。

7.5 实验 7-4 表单综合应用（1）

【实验目的】

（1）掌握不同控件与数据绑定的方法。
（2）掌握列表框、表格等控件的使用。

【实验内容及步骤】

实验准备：
① 下载"Visual FoxPro 实验素材"到 E 盘并解压缩。
② 设置当前工作目录为 E:\Visual FoxPro 实验素材\实验 7-4。
设计一个如图 7-19 所示的查询学生成绩的表单。要求如下：

图 7-19 查询学生成绩的表单

① 当用户选择"按学号"查询成绩时,列表框显示所有学生学号。

② 在列表框中选择要查询成绩的学生的学号,则表格中显示该学生的各门课成绩,同时标签 label1 的标题变为"总成绩",文本框中显示该学生的总成绩。

③ 当用户选择"按课程号"查询时,列表框显示所有课程的课程号。

④ 在列表框中选择某课程号,则表格中显示选修该门课程的所有学生的成绩,同时标签 label1 的标题变为"总人数",文本框中显示选修该课程的学生的总人数。

⑤ 用户可随时单击"退出"按钮,退出表单。

操作步骤如下:

1) 创建用户界面

① 在"教学管理系统"项目管理器中新建一个表单,在表单上添加一个列表框控件、一个选项按钮组控件、一个表格控件、一个标签控件、一个文本框控件和一个命令按钮控件,并参照图 7-19 合理分布或对齐控件,可通过"格式"菜单对控件进行对齐、尺寸、调整间距等操作。

② 按照表 7-9 所示设置各控件的属性。

表 7-9　对象的属性设置表

对　　象		属 性 名 称	属 性 值
Form1		Name	F1
		Caption	成绩查询
		AutoCenter	. T. - 真
Grid1		ColumnCount	3
		Name	grd1
		DeleteMark	. F. - 假
		RecordSourceType	1 - 别名
		RecordSource	cj
		ToolTipText	成绩查询
Grid1	Column1	ControlSource	Cj. xh
		Header1 的 Caption	学号
		Header1 的 Alignment	2 - 居中
	Column2	ControlSource	Cj. kcdh
		Header1 的 Caption	课程代号
		Header1 的 Alignment	2 - 居中
	Column3	ControlSource	Cj. cj
		Header1 的 Caption	成绩
		Header1 的 Alignment	2 - 居中
Optiongroup1		Name	Op1
		ButtonCount	2

143

对 象		属 性 名 称	属 性 值
Optiongroup1	Option1	Caption	按学号
		AutoSize	.T. - 真
	Option2	Caption	按课程号
		AutoSize	.T. - 真
Label1		AutoSize	.T. - 真
Text1		Alignment	2 - 中间
		Value	（无）
Command1		Name	Cmd1
		Caption	退出
		Cancel	.T. - 真

2) 编写事件代码

① 编写表单（F1）的 Init 事件代码。

```
Public lsbh
ThisForm.Label1.Caption = '总成绩'
ThisForm.List1.RowSourceType = 6
ThisForm.List1.RowSource = 'xs.xh'
```

② 编写列表框（List1）的 InteractiveChange 事件代码。

```
lsbh = Allt(This.Value)
Select cj
If   ThisForm.op1.Value = 1
     Set Filter to xh = lsbh
     Go Top
     SELECT SUM(cj.cj) as zcj FROM cj   INTO ARRAY czcj WHERE xh = lsbh
     If _TALLY>0        && _TALLY 是一个系统变量,表示最近执行的表命令处理过的记录数目,在
                        && 本题中_TALLY>0 表示该学生在 CJ 表中有记录
         ThisForm.Label1.Caption = '总成绩'
         ThisForm.Text1.Value = czcj
     Else
         ThisForm.Text1.Value = 0
     Endif
Else
     Set Filter To kcdh = lsbh
     Go Top
     SELECT   COUNT( * ) AS zrs   FROM cj   INTO array   czrs   WHERE kcdh = lsbh
     If _TALLY>0
         ThisForm.Label1.Caption = '总人数'
         ThisForm.Text1.Value = czrs
     Else
         ThisForm.Text1.Value = 0
     Endif
```

Endif

ThisForm.Refresh

③ 编写选项按钮组(Op1)的 Click 事件代码。

```
If This.Value = 1
    ThisForm.List1.RowSourceType = 6
    ThisForm.List1.RowSource = 'xs.xh'
Else
    ThisForm.List1.RowSourceType = 6
    ThisForm.List1.RowSource = 'kc.kcdh'
Endif
```

ThisForm.Refresh

④ 编写"退出"按钮的 Click 事件代码。

ThisForm.Release

3)保存表单

单击"保存"按钮,弹出"保存"对话框,输入表单文件名 xscjcx_form,然后单击"保存"按钮。

4)输出运行结果

在命令窗口输入:Do form xscjcx_form,选择"按学号",在列表框中选择 050303,运行结果如图 7-19 所示。选择"按课程号",在列表框中选择 03,运行结果如图 7-20 所示。

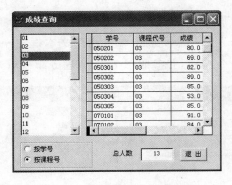

图 7-20 查询学生成绩的表单

7.6 实验 7-5 表单综合应用(2)

【实验目的】

(1)掌握文本框、列表框、页框等控件的使用。

(2)掌握事件调用的方法。

【实验内容及步骤】

实验准备：

① 下载"Visual FoxPro 实验素材"到 E 盘并解压缩。

② 设置当前工作目录为 E:\Visual FoxPro 实验素材\实验 7-5。

设计一个随机出题的算术测试表单

设计一个适合小学低年级使用的随机出题的算术测试表单。要求如下：

① 当用户单击"开始测试"按钮时，文本框 1 显示一道随机的加、减、乘、除算术题。光标停在文本框 2 中，等待用户回答。

② 当用户给出答案并按 Enter 键确认后，系统自动评判用户答案的正确性，并将题目、答案及评判结果添加在下面的列表框中。同时在文本框 1 中随机给出下一道新的算术题。

③ 用户可随时单击页面 2（评分结果页面），查看到目前为止本次测试的正确率和题目总数。

④ 用户也可随时单击页面 2（评分结果页面）中的"重新开始"按钮开始下一轮测试。

⑤ 用户也可随时单击页面 2（评分结果页面）中的"结束测试"按钮，结束测试，退出表单。

操作步骤如下：

1）创建用户界面

① 在"教学管理系统"项目管理器中新建一个表单，在表单上添加一个页面数为 2 的页框控件、一个命令按钮，在第一个页面中添加两个文本框和一个列表框，在第二个页面中添加一个标签和二个命令按钮，并参照图 7-21 合理分布或对齐控件。

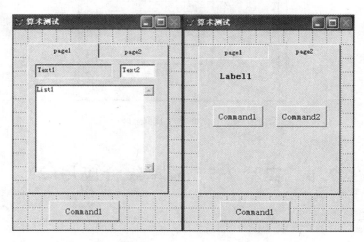

图 7-21　算术测试表单控件布局

② 按照表 7-10 所示设置各控件的属性。

表 7-10　对象的属性设置表

对　象		属 性 名 称	属 性 值
Form1		Caption	算术测试
		AutoCenter	. T. - 真
PageFrame1		PageCount	2
PageFrame1	Page1	Caption	测试
	Page2	Caption	评分结果
Page1	Text1	ReadOnly	. T. - 真
		Value	（无）
	Text2	Value	（无）
	List1	Value	（无）
Page2	Label1	AutoSize	. T. - 真
		FontBold	. T. - 真
		FontSize	11
	Command1	Caption	重新开始
		FontSize	11
	Command2	Caption	结束测试
		FontSize	11
Command1		Name	Cmd1
		Caption	开始测试
		FontSize	11

2）编写事件代码

① 编写表单（Form1）上的命令按钮 Command1 的 Click 事件代码。

```
x = Int(1 + 9 * rand())
y = Int(1 + 9 * rand())
cSum = Int(4 * rand())
Do Case
    Case cSum = 0
        ThisForm. PageFrame1. Page1. Text1. Value = Str(x,2) + " " + " + " + str(y,2) + " = "
        ThisForm. PageFrame1. Page1. Text1. Tag = Str(x + y,2)
    Case cSum = 1
        If x<y
            t = x
            x = y
            y = t
        Endif
        ThisForm. PageFrame1. Page1. Text1. Value = str(x,2) + " - " + str(y,2) + " = "
        ThisForm. PageFrame1. Page1. Text1. Tag = str(x - y,2)
    Case cSum = 2
```

```
        ThisForm.PageFrame1.Page1.Text1.Value = str(x,2) + " × " + str(y,2) + " = "
        ThisForm.PageFrame1.Page1.Text1.Tag = str(x * y,2)
    Case cSum = 3
        x = y * (Int(9 * rand()) + 1)
        ThisForm.PageFrame1.Page1.Text1.Value = str(x,2) + " ÷ " + str(y,1) + " = "
        ThisForm.PageFrame1.Page1.Text1.Tag = str(x/y,2)
EndCase
n = Val(ThisForm.PageFrame1.Page1.Tag)
ThisForm.PageFrame1.Page1.Tag = str(n + 1)
ThisForm.PageFrame1.Page1.Text2.Value = ""
ThisForm.PageFrame1.Page1.Text2.Setfocus
```

② 右击页框控件,选择"编辑"命令,在页框的编辑状态下双击 Page1 中的 Text2 文本框,进入事件代码设计窗口,编写 Page1 中的 Text2 的 KeyPress 事件代码。

```
LPARAMETERS nKeyCode,nShiftAltCtrl
If nKeycode = 13
    If Val(This.Value) = Val(This.Parent.Text1.Tag)
        t = Alltrim(This.Parent.Text1.Value) + " " + This.Value + "对"
        k = Val(This.Parent.List1.Tag)
        This.Parent.List1.Tag = str(k + 1)
    Else
        t = Alltrim(This.Parent.Text1.Value) + " " + This.Value + "错"
    Endif
    This.Parent.List1.Additem(t,1)
    w = Val(This.Parent.List1.Tag)/Val(This.Parent.Tag)
    m = "正确率: " + str(w * 100,5,2) + " % "
ThisForm.PageFrame1.Page2.Label1.Caption = "共; "
 + Alltrim(This.Parent.Tag) + "题: " + m
        ThisForm.Cmd1.Click()
    Endif
```

③ 右击页框控件,选择"编辑"命令,在页框的编辑状态下双击 Page2 中的 Command1 命令按钮,进入事件代码编辑窗口,编写 Page2 中的 Command1 的 Click 事件代码。

```
ThisForm.Pageframe1.Page1.List1.Tag = ""
ThisForm.Pageframe1.Page1.Tag = ""
ThisForm.Pageframe1.Page1.List1.Clear
ThisForm.Pageframe1.Page1.List1.Value = ""
MessageBox("欢迎重新开始",0 + 64,"信息窗口")
ThisForm.Pageframe1.Page2.Label1.Caption = ""
ThisForm.Cmd1.Click()
```

④ 在页框的编辑状态下双击 Page2 中的 Command2 命令按钮,编写 Page2 中的 Command2 的 Click 事件代码。

```
ThisForm.Release
```

3) 保存表单

单击"保存"按钮,弹出"保存"对话框,输入表单文件名"算术测试",然后单击"保存"按钮。

4) 运行测试程序

单击"常用"工具栏上的运行按钮 ! 或在命令窗口输入"Do Form 算术测试",运行表单,运行结果如图 7-22 和图 7-23 所示。

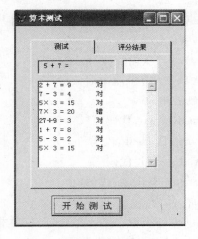
图 7-22 算术测试表单页面(1)

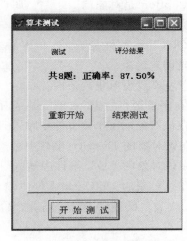
图 7-23 算术测试表单页面(2)

7.7 习题(含理论题与上机题)

1. 选择题

(1) 子类或对象具有延用父类的属性、事件和方法的能力,称为类的_____。

A. 继承性　　　　　B. 抽象性　　　　　C. 封装性　　　　　D. 多态性

(2) 下列关于属性、方法和事件的叙述中,错误的是_____。

A. 属性用于描述对象的状态,方法用于表示对象的行为

B. 基于同一个类产生的两个对象可以分别设置自己的属性值

C. 事件代码也可以像方法一样被显式调用

D. 在新建一个表单时,可以添加新的属性、方法和事件

(3) 在命令窗口中执行_____命令,即可以打开表单设计器窗口。

A. CREATE MENU　　　　　　　　　　B. CREATE FORM

C. CREATE TABLE　　　　　　　　　　D. CREATE COMMAND

(4) 下列控件均为容器类的是_____。

A. 表单、命令按钮组、命令按钮　　　　B. 表单集、列、组合框

C. 表格、列、文本框　　　　　　　　　D. 页框、列、表格

(5) 创建对象时发生_____事件。

A. LostFocus　　　　　　　　　　　　B. InteractiveChange

C. Init　　　　　　　　　　　　　　　D. Click

(6) 表单的 NAME 属性是_____。

A. 显示在表单标题栏中的名称　　　　　B. 运行表单程序时的程序名

C. 保存表单时的文件名　　　　　　　　D. 引用表单对象时的名称

(7) Caption 是对象的_____属性。

A. 标题　　　　　　B. 名称　　　　　　C. 背景是否透明　　　D. 字体尺寸

(8) DblClick 事件是_____时触发的基本事件。

A. 当创建对象　　　　　　　　　　　　B. 当从内存中释放对象

C. 当表单或表单集装入内存　　　　　　D. 当用户双击对象

(9) 在表单运行时,要求单击某一对象时释放表单,应_____。

A. 在该对象的 Click 事件中输入 ThisForm. Release 代码

B. 在该对象的 Destory 事件中输入 ThisForm. Refresh 代码

C. 在该对象的 Click 事件中输入 ThisForm. Refresh 代码

D. 在该对象的 DblClick 事件中输入 ThisForm. Release 代码

(10) 在表单的控件中,既能输入又能编辑的控件为_____。

A. 标签　　　　　　B. 组合框　　　　　C. 列表框　　　　　D. 文本框

(11) 要使表单中某个控件不可用(变为灰色),则将该控件的_____属性设为.F.。

A. Caption　　　　B. Name　　　　　C. Visible　　　　D. Enabled

(12) 在命令按钮组中,通过修改_____属性,可把按钮个数设为 5 个。

A. Caption　　　B. PageCount　　　C. ButtonCount　　D. Value

(13) 列表框是_____控件。

A. 数据绑定型　　B. 非数据绑定型　　C. 数值型　　　　D. 逻辑型

(14) 新创建的表单默认标题为 Form1,为了修改表单的标题,应设置表单的_____。

A. Name 属性　　　　　　　　　　　　B. Caption 属性

C. Closeable 属性　　　　　　　　　　D. AlwaysOnTop 属性

(15) 关闭当前表单的程序代码是 ThisForm. Release,其中的 Release 是表单对象的_____。

A. 标题　　　　　　B. 属性　　　　　　C. 事件　　　　　　D. 方法

(16) 要将表 CJ. DBF 与 Grid 对象绑定,应设置 Grid 对象的两个属性的值如下_____。

A. RecordSouceType 属性为 CJ,RecordSouce 属性为 0

B. RecordSouceType 属性为 0，RecordSouce 属性为 CJ

C. RowSouceType 属性为 0，RowSouce 属性为 CJ

D. RowSouceType 属性为 CJ，RowSouce 属性为 0

（17）如果 ComboBox 对象的 RowSourceType 设置为 3（SQL 语句），则在 RowSource 属性中写入的 SELECT 语句，必须包含_____子句。

A. GROUP BY   B. ORDER　BY

C. INTO TABLE   D. INTO CURSOR

（18）对列表框的内容进行一次新的选择，将发生_____事件。

A. Click   B. When

C. InterActiveChange   D. GotFocus

（19）如果要在列表框中一次选择多个项（行），必须设置_____属性为.T.。

A. MultiSelect   B. ListItem   C. ListItemID   D. Enabled

（20）为表单 MyForm 添加事件或方法代码，改变该表单中的控件 cmd1 的 Caption 属性的正确命令是_____。

A. MyForm. cmd1. Caption＝"最后一个"

B. This. cmd1. Caption＝"最后一个"

C. ThisForm. cmd1. Caption＝"最后一个"

D. ThisFormset. cmd1. Caption＝"最后一个"

（21）在表单 MyForm 的一个控件的事件或方法程序中，改变该表单的背景色为红色的正确命令是_____。

A. MyForm. Backcolor＝RGB(255,0,0)

B. This. parent. Backcolor＝RGB(0,255,0)

C. ThisForm. Backcolor＝RGB(255,0,0)

D. This. Backcolor＝RGB(0,255,0)

（22）Visible 属性的作用是_____。

A. 设置对象是否可用   B. 设置对象是否可视

C. 设置对象是否可改变大小   D. 设置对象是否可移动

（23）在引用对象时，下面哪种格式是正确的_____。

A. Text1. value＝"中国"   B. ThisForm. Text1. value＝"中国"

C. Text. value＝"中国"   D. ThisForm. Text. value＝"中国"

（24）下列控件中属于容器控件的是_____。

A. 文本框   B. 复选框   C. 命令按钮   D. 页框

（25）在表单设计器环境下，要选定表单中某选项按钮组里的某个选项按钮，可以_____。

A. 单击选项按钮

B. 双击选项按钮

C. 先单击选项按钮组，再选择快捷菜单中的"编辑"命令，然后再单击选项按钮

D. 以上 B 和 C 都可以

(26) 下面关于列表框和组合框的陈述中,正确的是_____。

A. 列表框和组合框都可以设置成多重选择

B. 列表框可以设置成多重选择,而组合框不能

C. 组合框可以设置成多重选择,而列表框不能

D. 列表框和组合框都不能设置成多重选择

(27) 以下属于非容器类控件的是_____。

A. Form   B. Label   C. page   D. OptionGroup

(28) 下列几组控件中,均可直接添加到表单中的是_____。

A. 命令按钮组、选项按钮、文本框   B. 页面、页框、表格

C. 命令按钮、选项按钮组、列表框   D. 页面、选项按钮组、组合框

(29) 表格控件的数据源类型_____。

A. 只能是表   B. 只能是表、视图

C. 只能是表、查询   D. 可以是表、视图、查询

(30) 确定列表框内的某个条目是否被选定应使用的属性是_____。

A. value   B. ColumnCount   C. ListCount   D. Selected

(31) 某表单 FrmA 上有一个命令按钮组 CommandGroup1,命令按钮组中有 4 个命令按钮:CmdTop,CmdPrior,CmdNext,CmdLast。若要求按下按钮 CmdLast 时,将按钮 CmdNext 的 Enabled 属性置为. F. ,则在按钮 CmdLast 的 Click 事件中应加入_____命令。

A. This. Enabled＝. F.

B. This. Parent. CmdNext. Enabled＝. F.

C. This. CmdNext. Enabled＝. F.

D. ThisForm. CmdNext. Enabled＝. F.

(32) 绑定型控件是指其内容与表、视图或查询中的字段或内存变量相关联的控件。当某个控件被绑定到一个字段时,移动记录指针后如果字段的值发生变化,则该控件的_____属性的值也随之发生变化。

A. Control   B. Name   C. Caption   D. Value

(33) 要运行一个设计好了的表单,可以在命令窗口中使用_____。

A. DO FORM   B. CREAT FORM

C. OPEN FORM   D. LIST FORM

(34) 如果要引用一个控件所在的直接容器对象,则可以使用下列_____属性。

A. THIS   B. THISFORM   C. PARENT   D. 都可以

(35) 在线条控件中,控制线条倾斜方向的属性是_____。

A. BorderWidth   B. LineSlant   C. BorderStyle   D. DrawMode

(36) 列表框控件中,控制将选择的选项存储在何处的属性是_____。

A. ControlSource   B. RowSource

C. RowSourceType   D. ColumnCount

(37) 下面关于数据环境和数据环境中两个表之间关系的陈述中,哪个是正确的_____。

    A. 数据环境是对象,关系不是对象

    B. 数据环境不是对象,关系是对象

    C. 数据环境是对象,关系是数据环境中的对象

    D. 数据环境和关系都不是对象

2. 填空题

(1) Visual FoxPro 中表单文件以_____扩展名存储,通过_____属性来引用表单对象。

(2) 类具有_____、_____、_____和_____的特点。

(3) 表单中控件的属性既可在编辑状态设置,又可在_____时设置。

(4) 根据控件与数据源的关系,表单中的控件可以分为两类:与表或视图等数据源中的数据绑定的控件和不与数据绑定的控件。前者称为_____型控件。

(5) 将文本框对象的_____属性设置为"真",则表单运行时,该文本框可以获得焦点,但文本框中显示的内容为只读。

(6) 要使标签(Label)中的文本能够换行,应将标签的_____属性设置为.T.。

(7) 设某表单的背景色为浅蓝色,该表单上某标签的背景色为黄色。当该标签的 BackStyle 属性设置为"0-透明",运行该表单时该标签对象显示的背景色为_____。

(8) 在表单设计器中设计表单时,如果从"数据环境设计器"中将表拖放到表单中,则表单中会增加一个_____对象;如果从"数据环境设计器"中将某表的逻辑型字段拖放到表单中,则表单中将会增加一个_____对象。

(9) 编辑框(EditBox)的用途与文本框(TextBox)相似,但编辑框除了可以编辑文本框能编辑的字段类型外,还可以编辑_____型字段。

(10) 在某表单运行时,表单上某个命令按钮标题显示为"取消",则该命令按钮的 Caption 属性值为_____。

(11) 要让表单首次显示时自动位于主窗口中央,则应该将表单的_____属性设置值为.T.。

(12) 组合框有两种类型,分别为_____,_____。

(13) 对于列表框,当其_____发生变化时,将触发 InteractiveChange 事件。

(14) 设表单上某形状控件的 Height 属性与 Width 属性值相等,则 Curvature 属性值为_____时,该形状为圆。

(15) 在表单中插入图像控件,用户通过设置_____属性完成,描述图像大小的属性 Stretch,值为_____表示裁剪,值为_____表示变比显示。

(16) 在表单中确定控件是否可见的属性是_____。

(17) 引用当前表单集的关键字是_____。

(18) 要创建一个顶层表单,应将表单的_____属性值设置为 2。

（19）文本框绑定到一个字段后，文本框中的输入或修改，将同时保存到_____属性和字段中。

（20）计时器（Timer）控件中设置时间间隔的属性为_____，定时发生的事件为_____。

3. 操作题

以 xs 表、cj 表、kc 表为数据源设计一个一对多关系的表单，表单中有 3 个表格：xs 表格、cj 表格、kc 表格。要求：

（1）在程序运行时，每当在 xs 表格中定位于某条记录，在 cj 表格中连锁显示该学生所选课程的成绩记录情况。

（2）若在 cj 表格中有多条记录显示时，每当在 cj 表格中定位于某条成绩记录时，在 kc 表格中连锁显示该课程的记录情况。

第8章 菜单的设计

8.1 知 识 要 点

应用程序一般以菜单的形式列出其功能,用户通过菜单调用其功能。菜单为用户使用系统提供了快捷方便的手段。

1. 菜单设计概述

1)菜单类型

Visual FoxPro 有两种类型的菜单:下拉式菜单和快捷菜单。

Visual FoxPro 系统中可以分别使用"菜单设计器"和"快捷菜单设计器"创建下拉式菜单和快捷菜单。

2)重新配置 Visual FoxPro 系统菜单

命令格式:

```
SET SYSMENU ON|OFF|AUTOMATIC
    |TO [<菜单列表>]
    |TO [DEFAULT] |SAVE|NOSAVE
```

命令说明:

① 选择 ON,表示在程序执行期间,启用 Visual FoxPro 主菜单栏。SET SYSMENU 命令默认设置值是 ON。

② 选择 OFF,表示在程序执行期间废止 Visual FoxPro 主菜单栏。

③ 选 AUTOMATIC 则使 Visual FoxPro 主菜单栏在程序执行期间可见,可以访问系统菜单栏。在 Visual FoxPro 中,默认设置是 AUTOMATIC。

④ TO <菜单列表>表示重新配置系统菜单,以内部名字列出可用的菜单。这些菜单可以是主菜单中的菜单的任意组合,相互之间用逗号隔开。

⑤ TO DEFAULT 表示将系统菜单恢复为默认配置。

⑥ 选 SAVE 则表示将当前的系统菜单设置成为默认配置。如果在发出 SET SYSMENU SAVE 命令之后修改了菜单系统,可以通过 SET SYSMENU TO DEFAULT 命令来恢复前面的设置。

⑦ 选 NOSAVE 表示将默认配置恢复成 Visual FoxPro 系统菜单的标准配置。只有使用 SET SYSMENU TO DEFAULT 之后,才显示默认的 Visual FoxPro 标准系统

菜单。

2. 下拉式菜单的设计

1）菜单设计的基本步骤

（1）调用菜单设计器。

方法一：利用"项目管理器"。

在项目管理器中选择"其他"选项卡中的"菜单"选项，单击"新建"按钮，调出"新建菜单"对话框。

方法二：利用菜单。

选择"文件"→"新建"命令，弹出"新建"对话框。在文件类型中选择"菜单"按钮，单击"新建文件"按钮，弹出"新建菜单"对话框。选择"菜单"按钮，调出"菜单设计器"窗口。

方法三：通过命令。

命令格式：

CREATE MENU [菜单文件名 |?]

（2）定义菜单。在"菜单设计器"窗口中定义菜单，需指定菜单的各项内容，如菜单项的菜单名称、结果栏、快捷键等。然后选择"文件"菜单中的"保存"命令或按 Ctrl＋W 组合键，将菜单定义保存到.mnx 文件中。

（3）生成菜单程序。在菜单设计器环境下，选择主菜单中"菜单"下的"生成"命令。在"生成菜单"对话框中指定菜单程序文件的名称和存放路径，单击"生成"按钮，将生成扩展名为.mpr 的菜单程序文件。

（4）运行菜单程序。使用命令"DO ＜菜单程序文件名＞"运行菜单程序，但文件名的扩展名.mpr 不能省略。还可以单击"程序"菜单中的"运行"命令，或者单击工具栏上的"!"按钮，运行此程序。

2）用菜单设计器定义菜单

（1）定义菜单项名称。在指定菜单名称时，还可以设置菜单项的访问键，方法是在作为访问键的字符前加上"\＜"两个字符。

系统还提供了在两组菜单项之间插入一条水平分组线的功能，方法是在相应行的"菜单名称"列上输入"\－"两个字符。

（2）定义菜单项动作。菜单项动作在"结果"列处定义。单击该列将出现一个下拉列表框，有命令、过程、子菜单和填充名称或菜单项等 4 种选择。

（3）设置菜单项选项。单击菜单右侧的无符号按钮，会出现"提示选项"对话框，通过该对话框可以设置菜单项的快捷方式、跳过、信息、主菜单名或菜单项♯等属性。

（4）菜单项的其他按钮。"插入"按钮、"插入栏"按钮、"删除"按钮、"预览"按钮和"移动"按钮。

（5）"显示"菜单。通过"显示"菜单中的"常规选项"和"菜单选项"命令，会打开相应的对话框，可以进行选项的设置。

3）为顶层表单添加菜单

① 在"菜单设计器"窗口中设计好下拉式菜单。

② 打开"显示"菜单中的"常规选项"对话框,选中"常规选项"对话框中的"顶层表单"复选框。

③ 在表单设计器环境下,将表单的 ShowWindow 属性值设置为 2,使其成为顶层表单。

④ 在表单的 Init 事件代码中添加调用菜单程序的命令,格式如下:

DO<菜单文件名>WITH This,.T.

⑤ 在表单的 Destroy 事件代码中添加清除菜单的命令,使得在关闭表单时能同时清除菜单,释放其所占用的空间。

3. 快捷菜单的设计

操作步骤如下:

① 选择"文件"菜单中的"新建"命令。

② 选择"新建"对话框中的"菜单"按钮,单击"新建文件"按钮。

③ 选择"新建菜单"对话框中的"快捷菜单"按钮,打开"快捷菜单设计器"窗口。

④ 在"快捷菜单设计器"窗口中设计快捷菜单,单击"菜单"下的"生成"命令,生成菜单程序文件。

⑤ 在表单设计器环境下,选定需要添加快捷菜单的对象。

⑥ 在属性窗口的方法程序列表框中,双击"RightClick Event"项(也可选择其他事件),在选定对象的 RightClick 事件代码中添加调用快捷菜单程序的命令:DO<快捷菜单程序文件名>。

下面是本章的上机实验。

8.2　实验 8-1　菜单设计

【实验目的】

(1) 掌握使用菜单设计器创建下拉式菜单的基本方法。

(2) 掌握使用菜单设计器创建快捷菜单的基本方法。

【实验内容及步骤】

实验准备:

① 下载"vfp 实验素材"到 E 盘并解压缩。

② 设置当前工作目录为 E:\vfp 实验素材\实验 8-1。

1. 使用菜单设计器创建下拉式菜单

1）在项目中创建菜单

① 打开"教学管理系统"项目文件,在项目管理器的"其他"选项卡里选中"菜单"后

单击"新建"按钮,打开"新建菜单"对话框,如图 8-1 所示。

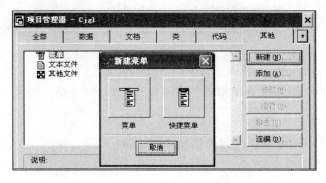

图 8-1　新建菜单

② 单击"新建菜单"对话框中的"菜单"按钮就打开了菜单设计器。依次在菜单设计器的"菜单名称"下的矩形框中输入:"文件(\<F)"、"编辑(\<E)"、"显示(\<V)"和"退出(\<X)"菜单项,如图 8-2 所示。

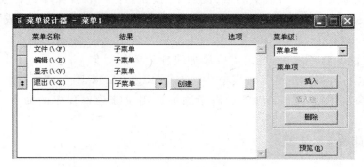

图 8-2　菜单设计器

2) 创建"文件"菜单下级子菜单并进行结果的设置

① 在上图中首先单击菜单名称栏下与"文件(\<F)"同行的"结果"栏,在下拉框中选定"子菜单",再单击其右边的"创建"按钮,则进入创建"文件"的下拉子菜单的界面。

② 依次在菜单名称列下输入"新建(\<N)"、"打开(\<O)"、"保存(\<S)"、"另存为(\<A)"菜单选项,如图 8-3 所示。

③ 给"打开(\<O)"菜单项创建快捷键。单击该行选项列中的按钮,打开"提示选项"对话框,用鼠标单击"键标签"右边的矩形框后,按下 Ctrl+O 组合键,则在"键标签"和"键说明"右邻的矩形框中同时出现 Ctrl+O,单击"确定"按钮关闭该对话框完成其快捷键的创建。

④ 在"打开"和"保存"菜单选项之间插入一条分组线。用鼠标单击"保存(\<S)"后,再单击右边的"插入"按钮,则在保存上方插入新的一行,将其中的菜单名称"新菜单项"改为"\一"即可。用同样的方法,在"另存为"的下方直接创建一条分组线,如图 8-3 所示。

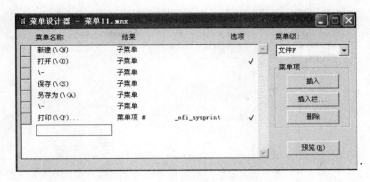

图 8-3　子菜单设计

⑤ 插入系统菜单项。首先单击要插入该菜单项的位置,再单击右边的"插入栏"按钮,在随之出现的"插入系统菜单栏"对话框中选择"打印(\<P)",再单击"插入"按钮即可。

3)"显示(\<V)"子菜单的创建

① 单击"菜单级"下拉列表框中的"菜单栏",在"显示(\<V)"行的结果下拉框中选定"子菜单",单击"创建"按钮,进入创建"显示"菜单的下拉子菜单的界面。

② 依次在菜单名称列下输入"教师基本信息"、"学生基本信息",如图 8-4 所示。

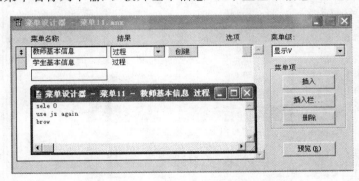

图 8-4　子菜单项结果中的过程设计

③ 在"教师基本信息"行的"结果"中选择"过程"后单击"创建"按钮,在随后打开的过程代码框中输入相应代码,如图 8-4 所示。

④ 创建显示学生基本信息的过程与此类似。

4)"退出(\<X)"子菜单的创建

① 单击"菜单级"下拉列表框中的"菜单栏",在"退出(\<X)"行的结果下拉框中选定子菜单,单击"创建"按钮进入创建"退出(\<X)"菜单的下拉子菜单的界面。

② 依次在菜单名称列下输入"返回 VFP 系统菜单"、"退出 VFP 应用程序",如图 8-5所示。

③ 在"返回 VFP 系统菜单"行的"结果"中选择"命令"后,在其右邻的命令代码编辑框中输入相应代码,如图 8-5 所示。

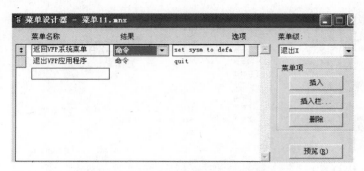

图 8-5　菜单选项结果中命令的设置

创建"退出 VFP 应用程序"的命令与创建"退出 VFP 应用菜单"类似,如图 8-5 所示。关闭如图 8-5 所示窗口,弹出保存窗口,单击"是"按钮。保存该菜单为菜单 11。

5)菜单程序的编译

菜单只有生成了扩展名为.mpr 的菜单程序文件后才能在命令窗口或程序中执行。当菜单设计器处于打开状态时,使用 Visual FoxPro 系统菜单的"菜单"中的"生成"菜单选项即可生成以.mpr 为扩展名的菜单程序文件,如图 8-6 所示。

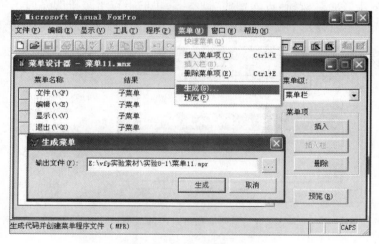

图 8-6　菜单文件的编译

① 在项目管理器的"其他"选项卡中选中已完成设计的菜单文件(本例为菜单 11),单击"修改"按钮在菜单设计器中打开该菜单文件。

② 单击主菜单"菜单"中的"生成"菜单选项,在"生成菜单"对话框中确定菜单程序文件的名称后单击"生成"按钮即可。

6)菜单程序文件的运行

① 使用命令在命令窗口中运行,格式:

DO　<菜单文件名>.mpr

示例:

DO 菜单11.mpr

② 在项目管理器中运行。在项目管理器的"其他"选项卡中选中已进行程序编译的菜单文件(本例为菜单11),单击"运行"按钮即可运行该菜单程序文件。

③ 恢复系统默认菜单。在所设计的菜单正确运行时,Visual FoxPro 的正常主菜单就会被当前菜单所替代,必须使用命令 Set SysMenu To Default 将菜单恢复为 Visual FoxPro 系统默认的菜单。

最直接的方法就是在命令窗口中执行命令 Set SysMenu To Default 即可,一般是在用户所设计的菜单中设置一个恢复菜单选项,需要时执行该菜单项就可恢复到 Visual FoxPro 系统默认菜单状态,如本例菜单11中的"返回 Visual FoxPro 系统菜单"就具有此项功能。

2. 使用菜单设计器创建快捷菜单

项目管理器中有教师表 js.dbf、表单 jsxxll.scx。本例为浏览教师信息时,在表单中选择排序方式的快捷菜单。

1) 打开菜单设计器

在如图 8-1 所示"新建菜单"对话框中单击"快捷菜单"按钮打开快捷菜单设计器。

2) 设计快捷菜单

在快捷菜单设计器中按图 8-7 所示设置菜单名称、结果及命令内容。保存菜单文件为:"快捷菜单 jspx.mnx"。

图 8-7　设置快捷菜单

3) 生成菜单程序文件

按图 8-6 的方式生成菜单程序文件 E:\vfp 实验素材\实验 8-1\快捷菜单 jspx.mpr。

4) 将快捷菜单添加到浏览教师信息的表单上

① 在项目管理器的"文档"选项卡中选定表单 jsxxll.scx,然后单击"修改"按钮打开表单设计器。

② 在表单的属性列表中找到 RightClick Event,双击打开过程代码编辑框,输入命令代码"do E:\vfp 实验素材\实验 8-1\快捷菜单 jspx.mpr"。

③ 在表单的属性列表中找到 Click Event,双击打开过程代码编辑框,输入命令代码"This.Refresh"。

④ 保存后运行该表单,在表单上右击可弹出菜单,执行某一个菜单选项,即可达到设定的排序显示效果,如图 8-8 所示。

图 8-8　快捷菜单的应用

8.3　习题(含理论题与上机题)

1. 选择题

(1) 有连续的两个菜单项,名称分别为"清除"和"查找",要用分割线在这两个菜单项之间分组,实现方法是_____。

A. 在"清除"菜单项名称后面加"\ー":关闭\ー

B. 在"查找"菜单项名称前面加"\ー";\ー保存

C. 在两个菜单项之间新添加一个菜单项,并在名称栏中输入"\ー"

D. A 或 B 两种方法均可

(2) 某菜单项名称为"Tool",要为该菜单项设置热键[Alt＋T],则在名称中的设置为_____。

A. Alt＋Tool　　　　B. Tool(\＜T)　　　　C. Alt+\＜Tool　　　　D. ？T\＜ool

(3) 如果应用程序的菜单和 Visual FoxPro 的系统菜单相似,则可以用_____。

A. 信息菜单　　　　B. 跳过菜单　　　　C. 快速菜单　　　　D. 注释菜单

(4) 用户可以在菜单设计器窗口右侧的_____列表框中查看菜单项所属的级别。

A. 菜单项　　　　B. 菜单级　　　　C. 预览　　　　D. 插入

(5) 在菜单设计器的"结果"列为菜单指定的任务有 4 项,它们包括"填充名称"、"子菜单"、"过程"和_____。

A. 命令　　　　B. 执行　　　　C. 编辑　　　　D. 查找

(6) 下列文件扩展名中,与菜单无关的是_____。

A. .mnx　　　　B. .mnt　　　　C. .mem　　　　D. .mpr

（7）有一菜单文件名 mm. mnx,要运行该菜单的方法是_____。

A. 执行命令 DO　MM. MNX

B. 执行命令 DO　MENU　MM. MNX

C. 先生成菜单程序文件 MM. MPR,再执行命令 DO　MM. MPR

D. 先生成菜单程序文件 MM. MPR,再执行命令 DO　MENU　MM. MPR

（8）如果要将一个 SDI 菜单附加到一个表单中,则_____。

A. 表单必须是 SDI 表单,并在表单的 LOAD 事件中调用菜单程序

B. 表单必须是 SDI 表单,并在表单的 INIT 事件中调用菜单程序

C. 只要在表单的 LOAD 事件中调用菜单程序

D. 只要在表单的 INIT 事件中调用菜单程序

（9）为了使用菜单设计器设计一个新的菜单,在命令窗口中输入_____命令即可进入菜单设计器。

A. CREATE MENU　　　　　　　　B. OPEN MENU

C. LIST MENU　　　　　　　　　　D. CLOSE MENU

（10）所谓快速菜单是指_____。

A. 基于 Visual FoxPro 主菜单,添加用户所需的菜单项

B. 快速菜单的运行速度较一般菜单快

C. 可以为菜单项指定快速访问的方式

D. "快捷菜单"的另一种说法

2. 填空题

（1）用菜单设计器设计的菜单文件的扩展名是_____,备注文件的扩展名是_____,生成的菜单程序文件的扩展名是_____。

（2）要将 Visual FoxPro 系统菜单恢复成标准配置,可先执行_____命令,然后再执行_____命令。

（3）要为表单设计下拉式菜单,首先要在菜单设计时,在_____对话框中选择"顶层表单"复选框,其次要将表单的_____属性值设置为 2,使其成为顶层表单,最后需要在表单的_____事件中设置调用菜单程序的代码。

（4）快捷菜单实质上是一个弹出式菜单,要将某个弹出式菜单作为一个对象的快捷菜单,通常是在对象的_____事件代码中添加调用弹出式菜单程序的命令。

（5）若想使内容相关的菜单项分隔成组,插入分组线的方法是在"菜单名称"项中输入_____两个字符。

（6）从"结果"栏中选择菜单项后,它的弹出列表有命令、填充名称、过程和_____。

（7）查看所设计菜单的结果可以单击菜单设计器的"预览"按钮和选择"程序"菜单的_____选项。

（8）命令 SET SYSMENU TO DEFAULT 的结果是将_____设置为默认菜单。

菜单的设计

3. 操作题

定义一个快捷菜单,其中包含"浏览"、"编辑"、"上一记录"、"下一记录"、"复制"、"剪切"、"粘贴"7 个菜单项,然后插入两条分组线,使得"浏览"、"编辑"为第一组,"上一记录"、"下一记录"为第二组,"复制"、"剪切"、"粘贴"为第三组,其中第三组取自系统菜单。完成菜单定义,并生成菜单程序。

第9章　报表的设计

9.1　知 识 要 点

报表(REPORT)用于在打印文档中显示或总结数据。定义报表有两个要素：报表的数据源和报表的布局。报表的数据源通常是数据库中的表或自由表，也可以是视图、查询或临时表等。报表的布局定义了报表的打印格式。

1. 创建报表

通常创建报表要首先确定报表的类型，然后利用向导或报表设计器创建报表。

报表文件的扩展名为.frx，它存储报表的详细说明。报表文件不存储每个数据字段的值，只存储一个特定报表的位置和格式信息。每次运行报表，值都可能不同，这取决于报表文件所用数据源的字段内容是否更改。

1) 报表的类型

报表类型主要指的是报表的布局类型。报表布局的常规类型有如下几种。

- 列报表：每行一条记录，每条记录的字段在页面上按水平方向放置。
- 行报表：多行一条记录，每条记录的字段垂直放置。
- 一对多报表：一对多关系中，一条主表中记录对应多条子表中记录。
- 多列报表：多列的记录，每条记录的字段沿左边缘垂直放置。
- 标签：一行打印多条记录，每条记录的字段沿左边缘垂直放置，打印在特殊纸上。

2) 利用向导创建报表

利用报表向导创建报表，具体操作步骤如下：

① 在"项目管理器"窗口中，选定"报表"选项卡。

② 单击"新建"按钮。

③ 单击"报表向导"按钮。

④ 选定想要创建的报表类型。

⑤ 按照向导屏幕上的指令操作。

也可以从菜单中调用"报表向导"，即从"工具"菜单中，选择"向导"命令，然后选定"报表"。

使用了向导之后，就可以使用"报表设计器"来添加控件和定制报表了。

用于创建报表的向导分为报表向导和一对多向导。

报表向导用于创建基于单表的报表，一对多向导用于创建基于一对多关系的两张表的报表。

3）利用报表设计器创建报表

利用报表设计器创建报表，可按下列 4 个步骤操作：

① 打开项目管理器，选择"文档"选项卡，从中选择"报表"选项。

② 单击"新建"按钮，系统弹出"新建报表"对话框。

③ 在"新建报表"对话框中单击"新建报表"按钮系统显示报表设计器。

④ 在"报表设计器"窗口中通过直观的操作设计报表。

在此创建的是一个空白报表。假如用户对设计报表的步骤已经熟悉，就可以在空白报表上利用报表设计器提供的报表控件、布局和调色板等工具，设计出符合要求的报表。

在"报表设计器"窗口中，主要提供了页标头、细节、页注脚、标题、总结、组标头和组注脚，用户可以通过系统菜单的"报表"下拉菜单选择建立。

4）使用命令创建报表

使用 CREATE REPORT 命令可以在报表设计器中创建或修改一张空白报表。

2. 报表的编辑

报表的编辑是利用报表设计器修改报表的布局以及包含的各种控件。使用报表带区可以编辑报表的分组及开始与结尾的样式，可以调整报表带区的大小。在报表带区内，可以添加报表控件，然后进行移动、复制、调整大小、对齐等操作，来进一步安排报表中的文本和字段。

1）修改报表带区

数据在报表上出现的次数和位置，可用报表的带区来控制，即使用"报表设计器"内的带区可控制数据在页面上的打印位置。

在"报表设计器"窗口中，可以修改每个带区的尺寸和特征。调整带区大小的方法是使用左侧标尺作为参考将带区栏拖动到适当的高度。标尺量度仅为带区高度（不包含页边距）。在调整带区大小时不能使带区高度小于布局中控件的高度。

2）定制报表控件

报表控件的选择、移动、删除、复制、对齐等的操作方法与表单控件相仿。

当需要选择多个控件时，在控件周围通过拖动鼠标画出选择框、或者按住 Shift 键的同时单击各控件。

若要将控件组合在一起，首先选择想作为一组处理的控件，再从"格式"菜单中选择"分组"命令。该组控件就可以作为一个单元来处理了。若要对一组控件取消组定义，可选择该组控件，从"格式"菜单中选择"取消分组"命令。

若要移动控件，选择控件后，将其拖动到"报表"窗口中新的位置上。

在选取了一个或多个报表控件时，可利用"格式"菜单中的命令对报表控件进行字体等属性的设置。

3）定制报表的页面

页面设置定义了报表的页面和报表带区的总体形状。

设置方法是使用"文件"菜单下的"页面设置"命令,将弹出页面设置对话框。在页面设置对话框中设置报表的左边距、列数、列宽、方向以及设置打印顺序等,以此来定义报表页面的外观。

单击"打印设置"按钮,将弹出"打印设置"对话框,从中设置纸张大小和方向。

3. 报表的打印和预览

通过预览报表,不用打印就能看到报表页面的外观,如果符合要求然后再打印报表。可以使用报表设计器和 Report 命令进行报表的打印和预览。

1) 在报表设计器中预览和打印报表

① 在"报表设计器"中预览报表可以通过"显示"菜单中的"预览"命令或常用工具栏中的"预览"按钮。在预览时,利用"预览"工具栏可完成页面切换、报表图像大小缩放、返回到设计状态(关闭预览)等操作。

② 在"报表设计器"中打印报表可利用"报表"中的"运行报表"命令,或者从"文件"菜单中选择"打印"命令,在弹出的"打印"对话框中单击"选项"按钮,打开"打印选项"对话框,在其中的"类型"框中选择"报表",在"文件"框中输入报表名,单击"确定"按钮,系统将返回"打印"对话框。

注意:利用"打印"对话框中的"选项"按钮,可以打开"打印选项"对话框,利用"打印选项"对话框中的"选项"按钮,可以打开"报表和标签打印选项"对话框。通过对这三个对话框的设置可以选择报表或报表中打印的记录。

2) 使用 REPORT 命令预览和打印报表

格式:

`REPORT FORM ＜报表文件名＞ [PREVIEW]`

下面是本章的上机实验。

9.2　实验 9-1　报表设计

【实验目的】

(1) 掌握使用报表向导创建报表的方法。

(2) 掌握使用报表设计器创建报表的方法。

(3) 掌握使用报表设计器修改报表的方法。

【实验内容及步骤】

实验准备:

① 下载"vfp 实验素材"到 E 盘并解压缩。

② 设置当前工作目录为 E:\vfp 实验素材\实验 9-1。

1. 使用报表向导创建报表

1）利用报表向导创建基于学生表（XS.DBF）的单表报表

操作步骤如下：

① 启动报表向导：打开"教学管理系统"项目文件，在"文档"选项卡中选中"报表"，单击"新建"按钮，在随之出现的"新建报表"对话框中单击"报表向导"打开"向导选取"对话框，如图 9-1 所示，选择第一行"报表向导"，单击"确定"按钮。

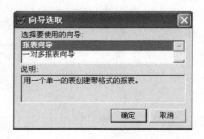

图 9-1　"向导选取"对话框

② 在如图 9-2 所示的对话框中选择 XS 表，从可用字段中选择如图 9-2 所示的所需字段到选定字段中，然后单击"下一步"按钮，进入"步骤 2—分组记录"，本例不对此设置，再单击"下一步"按钮进入"步骤 3—选择报表样式"。

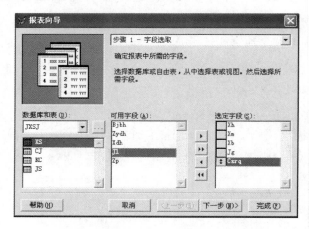

图 9-2　报表向导步骤 1—表和字段选取

③ 选择报表样式也按默认设置，单击"下一步"按钮到"步骤 4—定义报表布局"。

④ 定义报表布局也按默认设置，单击"下一步"按钮到"步骤 5—排序记录"。

⑤ 排序记录如图 9-3 所示。选择按 Xh 升序排列。

⑥ "步骤 6—完成"对话框如图 9-4 所示。可预览报表效果、保存或修改报表。

⑦ 单击图 9-4 中的"预览"按钮，可查看报表效果如图 9-5 所示。

⑧ 关闭预览窗口，回到"步骤 6—完成"对话框，单击"完成"按钮，以文件名 XSBB 保存该报表。

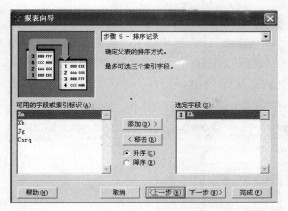

图 9-3 "步骤 5—排序记录"对话框

图 9-4 "步骤 6—完成"对话框

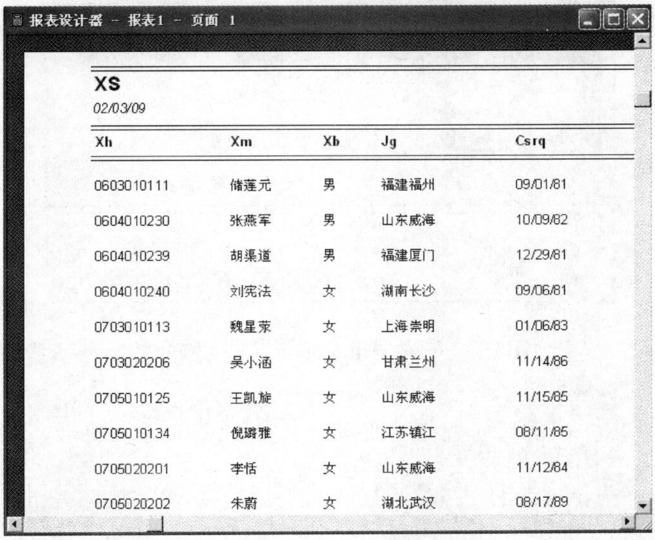

图 9-5 报表预览效果

报表的设计

2）利用报表向导创建 XS 表和 CJ 表的一对多报表

① 在图 9-1 所示"向导选取"对话框中选择"一对多报表向导"，单击"确定"按钮，进入"一对多报表向导"对话框的"步骤 1—从父表选择字段"，如图 9-6 所示。选中 XS 表，将 Xh、Xm、Xb、Jg 添加到选定字段中，单击"下一步"按钮，进入"步骤 2—从子表选择字段"对话框。

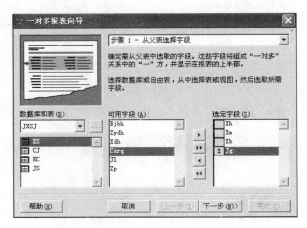

图 9-6 一对多报表向导步骤 1 对话框

② 在"步骤 2—从子表选择字段"对话框中选定子表 cj，将 xh、kcdh 和 cj 字段都添加到选定字段中。单击"下一步"按钮，进入"步骤 3—为表建立关系"对话框。

③ 在"步骤 3—为表建立关系"对话框中为 XS. xh 和 CJ. xh 建立关系，如图 9-7 所示，单击"下一步"按钮，进入"步骤 4—排序记录"对话框。

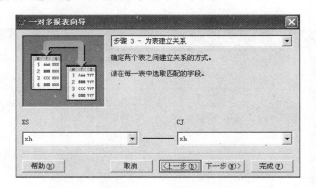

图 9-7 一对多报表向导步骤 3 对话框

④ 在"步骤 4—排序记录"对话框中选定 Xh 作为排序字段。单击"下一步"按钮，进入"步骤 5—选择报表样式"对话框，如图 9-8 所示。

⑤ 在"步骤 5—选择报表样式"对话框中选择：账务式、纵向，单击"下一步"按钮，进入"步骤 6—完成"对话框，如图 9-9 所示。

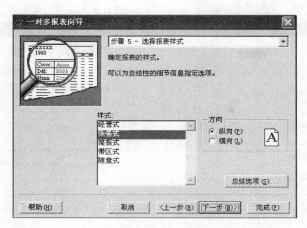

图 9-8 一对多报表向导步骤 5 对话框

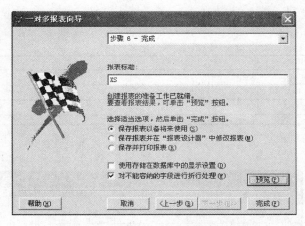

图 9-9 一对多报表向导步骤 6 对话框

⑥ 在"步骤 6—完成"对话框中单击"预览"按钮查看本设计效果,如图 9-10 所示。

⑦ 关闭预览窗口,回到"步骤 6—完成"对话框,单击"完成"按钮,以文件名 XSCJBB 保存该报表。

2. 使用报表设计器创建报表

① 选择"文件"→"新建"选项,在"新建"对话框中选中"报表"后单击"新建文件"即可打开报表设计器,如图 9-11 所示。

② 创建数据环境:单击"显示"菜单下的"数据环境"选项,在数据环境的空白处单击鼠标右键,在快捷菜单中选择"添加"菜单项,打开"添加表或视图"对话框,将 XS 和 CJ 表添加到数据环境中。

③ 利用"显示"主菜单打开如图 9-12 所示的报表设计器工具栏,再利用报表设计器工具栏上中间那个按钮打开报表控件工具栏。

报表设计器工具栏上的 5 个按钮的功能从左到右依次为:数据分组、数据环境、控件工具、调色板工具和布局工具。

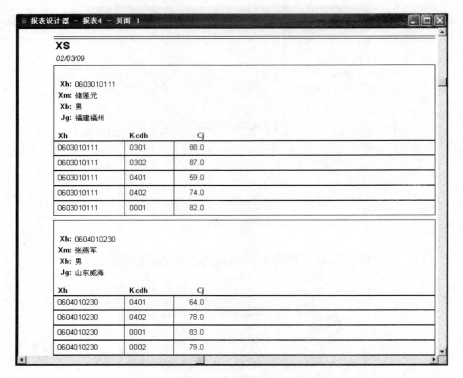

图 9-10　一对多报表效果图

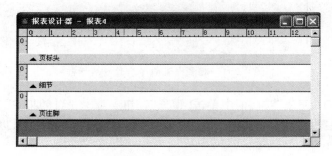

图 9-11　报表设计器

图 9-12　报表设计器工具栏和报表控件工具栏

　　报表控件工具栏上的 8 个按钮的功能从左到右依次为：选定对象、标签、域控件、线条、矩形、圆角矩形、图片/ActiveX 绑定控件和按钮锁定。

　　④ 在页标头带区上用报表控件工具栏上的标签工具输入报表名称和各字段名称，用线条工具绘出报表名称和各字段名称下边的横线，如图 9-13 所示。

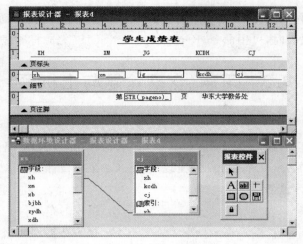

图 9-13　报表设计器

⑤ 使用鼠标从数据环境中拖动所需字段到图中细节带区中,可通过"格式"菜单调整各字段的位置使之符合要求,用线条工具在字段行的下端添加线条作为记录之间的分隔线,如图 9-13 所示。

⑥ 在页注脚带区用标签工具添加相关文本信息,添加域控件并在其中加入页码函数,如图 9-13 所示。

⑦ 单击常用工具栏上的"打印预览"按钮即可显示如图 9-14 所示的报表效果。

XH	XM	JG	KCDH	CJ
0604010230	张燕军	山东威海	0101	90.0
0604010240	刘宪法	湖南长沙	0101	90.0
0603010111	储莲元	福建福州	0101	90.0
0703010113	魏星蒙	上海崇明	0101	90.0
0604010239	胡渠道	福建厦门	0101	90.0
0705010134	倪璐雅	江苏镇江	0101	90.0
0705010125	王凯旋	山东威海	0101	90.0
0804020122	王志军	江苏常州	0101	90.0
0803010108	赵大学	河南郑州	0101	90.0
0804020103	钱薛杰	山东威海	0101	90.0
0705020203	孙利	河南郑州	0101	90.0
0705020201	李恬	山东威海	0101	90.0
0804020101	周金	湖北武汉	0101	90.0
0703020206	吴小涵	甘肃兰州	0101	90.0
0803020102	仲达军	湖北武汉	0101	90.0
0804020102	王冶歌	江苏苏州	0101	90.0
0705020202	朱蔚	湖北武汉	0101	90.0
0803020218	素三海	江苏苏州	0101	90.0

图 9-14　报表效果示意图

第 9 章

报表的设计

⑧ 关闭预览窗口,选择"文件"→"另存为"菜单项,以文件名 XSCJB 保存该报表。

⑨ 需要打印报表时,可用命令"Report Form XSCJB"完成打印任务。

9.3 习题(含理论题与上机题)

1. 选择题

(1) 在命令窗口内输入 CREAT REPORT,它的作用是用命令格式打开_____。

A. 表单设计器　　　B. 项目管理器　　　C. 菜单设计器　　　D. 报表设计器

(2) 报表的设计包括_____。

A. 报表数据源　　　　　　　　　B. 报表的布局

C. 报表的视图　　　　　　　　　D. 报表数据源和报表的布局

(3) 报表的数据源可以是数据库表、视图、查询或_____。

A. 表单　　　　　B. 临时表　　　　　C. 记录　　　　　D. 以上都不是

(4) 常用的报表布局有一对多报表、标签报表、_____。

A. 行报表　　　　　　　　　　　B. 列报表和行报表

C. 行报表、列报表和多列报表　　　D. 以上都不是

(5) 以下_____是报表文件的扩展名。

A. .frx　　　　　B. .fpt　　　　　C. .frt　　　　　D. .fxp

(6) 默认情况下,报表设计器显示 3 个带区,分别为_____。

A. 页标头、页注脚和总结　　　　　B. 组标头、组注脚和总结

C. 组标头、组注脚和细节　　　　　D. 页标头、细节和页注脚

(7) 报表的列注脚是为了表示_____。

A. 总结或统计　　　　　　　　　B. 每页总计

C. 分组数据的计算结果　　　　　D. 总结

(8) 报表的标题打印方式为_____。

A. 每页打印一次　　　　　　　　B. 每列打印一次

C. 每个报表打印一次　　　　　　D. 每组打印一次

(9) 报表以视图或查询作为数据源是为了对输出记录进行_____。

A. 筛选　　　　　　　　　　　　B. 分组

C. 排序和分组　　　　　　　　　D. 筛选、分组和排序

(10) 在报表设计器中,带区的主要作用是_____。

A. 控制数据在页面上的打印宽度

B. 控制数据在页面上的打印数量

C. 控制数据在页面上的打印位置

D. 控制数据在页面上的打印区域

2．填空题

1．设计报表通常包括两部分内容：_____和_____。

2．建立报表有三种方法，它们是向导、设计器和_____。

3．首次启动报表设计器时，报表布局中只有 3 个带区，它们是页标头、_____和页注脚。

4．在程序中要预览报表使用_____命令。

5．报表的备注文件的扩展名为_____。

6．如果已经设定了对报表分组，报表中将包含_____和_____带区。

3．操作题

1．利用报表设计器，利用 JS 表，创建具有如下功能的不同报表：

(1) 创建包含表中部分字段的报表。

(2) 创建一个按某一字段值排序的报表。

(3) 创建一个求某一字段和的报表。

(4) 创建一个按某一字段分组，并能够求某一字段的小组合计的报表。

2．利用报表设计器，创建包含 XS 表和 CJ 表中部分字段的报表。

第 10 章　应用程序的创建

10.1　知识要点

1. 开发应用系统的一般步骤

1）需求分析

需求分析包括对数据的需求分析和对功能的需求分析。对数据的需求分析的目的是归纳出系统应该包括的数据，以便进行数据库的设计；对功能的需求分析的目的是为应用程序设计提供依据。

2）数据库设计

数据库的设计包括逻辑设计和物理设计。逻辑设计就是按一定的原则将数据组成一个或几个数据库，确定数据库中包含几个表，每个表中有哪几个字段，还要安排好各表之间的关系。物理设计就是具体建立数据库，定义数据库表以及表之间的关系。

3）应用程序设计

对于 Visual FoxPro 面向对象的应用程序的设计，主要有以下几个步骤：

（1）为了创建具有用户统一特色的界面，首先要定义表单和控件的子类，并将其添加到表单控件工具栏中备用。

（2）具体设计应用程序所需的表单集、表单、菜单和工具栏等用户界面，并编写各自相应的程序代码段。

（3）数据输出设计。包括查询、视图、报表、标签和通过 ActiveX 控件来共享其他应用程序的信息。

（4）数据库维护功能。包括对数据库中的数据进行添加、删除、更新、修改等操作及其保护安全的措施。

（5）构造 Visual FoxPro 的应用程序。可以将开发的 Visual FoxPro 系统构造成在 Visual FoxPro 环境中运行的.app 应用程序，更多的是构造成为脱离 Visual FoxPro 环境的.exe 程序。

4）软件测试

软件测试一般分成模块测试和综合测试两个阶段。前者对菜单、表单、报表等应用程序模块分别或按其功能组合进行测试和调试，后者是将数据库连同有关的应用程序一起装入计算机，检测它们在设定的应用中能否实现预定的功能和性能指标，如不能满足要求，还需要返回前面的步骤再次进行分析或修改设计。

5）应用程序的发布

实际应用的应用程序一般都要进行加密、连编成为.exe 文件,通过发布,脱离 Visual FoxPro 环境,直接在 Windows 环境中运行。

6）系统的运行和维护

系统投入实际运行后,开发人员仍然要时刻准备着,随时为系统提供调整、维护、纠错和系统改进等工作。

2. 构造应用程序框架的步骤

构造一个应用程序,需要做以下 6 项工作。

1）设置应用程序的主文件

任何一个 Visual FoxPro 项目都必须包含一个主文件。利用主文件可以将整个应用程序连接成为一个整体。在程序运行前,它初始化程序的运行环境;在程序运行中,它调度程序的事件操作;在程序运行结束时,它恢复系统的原来环境。

人们常常专门创建一个程序作为主文件,也可以指定一个表单、菜单为主文件。

2）初始化环境

在进入 Visual FoxPro 界面时,系统自动按默认设置创建了通用的系统工作环境。但是为了使环境更适合于某一具体应用程序,必须为该应用程序设置特定的环境,就是初始化环境。一般包括初始化变量、建立默认路径、打开相关的数据库、表及其索引等。

3）显示初始的用户界面

一般是在主程序中使用 DO 命令来运行一个菜单文件或表单文件来显示初始用户界面。必要时还可以先显示应用系统的注册界面或系统的封面等。

4）控制事件循环

在应用程序创建应用环境和显示了初始界面后,需要建立一个事件循环来维持界面显示和等待用户的交互操作。使用命令 READ EVENTS 以实现控制事件循环,等待用户操作的功能。要结束事件循环,还要使用 CLEAR EVENTS 命令,以此来执行 READ EVENTS 之后的命令。

5）恢复初始的开发环境

在结束应用程序的运行之前,应该将系统环境恢复到没有执行该应用程序之前的状态,可用一组 SET 命令来完成。

6）组织主文件

当使用一个程序文件作为主文件时,必须在该程序中包括可控制或调用与应用程序相关的主要任务和主要模块。例如初始化环境、调用初始界面、打开主菜单、表单、执行建立事件循环命令等。而且,在某一个菜单选项或表单按钮中应有 CLEAR EVENTS 结束循环命令。

3. 应用程序的编译和发布

1）设置文件的包含和排除

被包含的文件在编译和发布后就成为只读文件,而设置为"排除"的文件则可以允许用户对其进行修改。

2）连编应用程序

一般在对 Visual FoxPro 应用项目开发完成后，大都是将其连编为 APP 应用程序文件或 EXE 可执行文件。对于后者，用户无需在计算机上安装 Visual FoxPro 系统，就可以直接在 Windows 平台上运行该应用程序了。

3）创建发布磁盘

一般使用 Visual FoxPro 提供的安装向导来创建发布磁盘。主要有定位文件、指定组件、磁盘映像、安装选项、设置默认的目标目录、改变文件设置和完成 7 个步骤。

下面是本章的上机实验。

10.2　实验 10-1　学生成绩管理系统开发实例

【实验目的】

（1）了解开发一个信息管理系统的基本过程。

（2）掌握运用项目管理器组织应用系统的基本方法。

（3）掌握应用系统的编译和发行的基本方法。

【实验内容及步骤】

本实验要完成的中心任务是如何将设计好的数据库、菜单、表单、报表等分离的应用系统组件在项目管理器中连编成一个完整的应用程序，最终编译成一个脱离 Visual FoxPro 环境的扩展名为 .exe 的可执行文件，成为一个独立的应用系统。

实验准备：

① 下载"vfp 实验素材"到 E 盘并解压缩。

② 设置当前工作目录为 E:\vfp 实验素材\实验 10-1。

本实验中信息系统需要的数据库、菜单、表单、报表等文件在实验 10-1 素材中都已提供。

1. 信息系统开发基本过程

（1）需求分析：在开发一个应用系统时首先要做的工作就是进行需求分析，它包括对整个项目的数据需求分析和应用功能需求分析两个方面。

（2）系统的总体设计：按照"自顶向下，逐步细化"的原则，对应用系统按功能模块进行划分和设计。

（3）按数据需求进行数据库设计和组织数据。

（4）各功能模块的设计。

（5）系统主界面的设计。

（6）主菜单的设计。

（7）主程序的设计。

（8）系统的调试、连编、运行和发布。

2. 设计主界面、主菜单和主程序

1) 设计主界面表单

打开"成绩管理"项目文件,在"文档"选项卡中新建一个表单(fengmian.scx),在表单上添加 3 个标签控件,表单和标签控件的属性按表 10-1 中的参数设置,表单界面如图 10-1 所示。运行时显示该表单,当在该表单上单击时立即释放消失(提示:请在该表单的 MouseDown 事件代码中输入 ThisForm.Release 并关闭代码窗口后再运行该表单)。

表 10-1　表单和标签属性值

控　　件	属　性　名	属　性　值	属　性　名	属　性　值
表单 Form1	BackColor	228,228,218	AutoCenter	.T.
	Width	400	Height	250
	WindowsType	1-模式	DeskTop	.T.-真
	Titlebar	0-关闭	ShowWindows	2-作为顶层表单
	MouseDown 事件代码:ThisForm.Release			
标签 1 Label1	Caption	学生成绩管理系统	Backstyle	0-透明
	FontName	隶书	FontSize	22
	FontBold	.T.-真	ForeColor	0,0,255
标签 2 Label2	Caption	华东轨道学院教务处	BackStyle	0-透明
	FontName	华文行楷	FontSize	16
	FontBold	.T.-真	ForeColor	0,0,255
标签 3 Label3	Caption	2008 年 5 月 12 日	BackStyle	0-透明
	FontName	隶书	FontSize	12
	FontBold	.T.-真	ForeColor	0,0,255

图 10-1　应用系统封面表单

2) 应用系统主菜单

在项目管理器的"其他"选项卡中按表 10-2 所示菜单结构创建应用系统主菜单(XTZCD.MPR)。

表 10-2 系统主菜单（XTZCD. MPR）结构表

数 据 管 理	数 据 查 询	打 印 报 表	帮　　助
基本信息输入 命令：Do form xxsr. scx	按学号查询 Do form axhcx. scx	按班级打印成绩 Do form abjdy. scx	系统操作指南 Do form czzn. scx
成绩输入 命令：Do form cjsr. scx	按班级查询 Do form abjcx. scx	按课程打印成绩 Do form akcdy. scx	与我们联系 Do form tous. scx
基本信息修改 命令：Do form xxxg. scx	按姓名查询 Do form axmcx. scx	按班级打印基本信息 Do form bjxxdy. scx	技术支持 Do form jszc. scx
成绩修改 命令：Do form cjxg. scx	按成绩段查询 Do form acjdcx. scx	按年级打印基本信息 Do form njxxdy. scx	
退出 过程：release all 　　　clear events		打印学生基本信息 Do form xsjbxxdy. scx	

3）主程序的设计

① 创建主程序文件 ZHCX. PRG。

```
* 主程序文件
Set Talk Off
Do form fengmian. scx
Do xtzcd. mpr
Read Events
```

② 设置系统主文件。

方法 1：在项目管理器的"代码"选项卡里展开"程序"，用鼠标右击 ZHCX. PRG，在随之出现的快捷菜单中执行"设置主文件"菜单命令即可。此后，该文件名加粗显示。

方法 2：利用主菜单"项目"中的"项目信息"命令打开"项目信息"对话框，在"文件"选项卡中找到 ZHCX. PRG 并右击，在随之出现的快捷菜单中执行"设置主文件"菜单命令即可。

3. 设置文件的包含与排除状态

凡不需要用户在使用中更新的文件应设置为包含，允许用户动态更新的文件应设置为排除。一般地，将可执行文件（如表单、报表、查询、菜单和程序等）设置为包含，而数据文件则按是否允许修改来决定设置为包含或排除，如设置为包含就是只读类型的。

在项目管理器中可看到，当文件名左边带有 ⊘ 标记的就属于排除，无此标记的就是包含类型。

设置的方法是：在该文件名上用鼠标右击，在随之出现的快捷菜单中进行"包含"或"排除"的设置即可。

4. 应用项目的连编

（1）在项目管理器中打开需要连编的应用程序，如本例中的项目"成绩管理"。单击"连编"按钮打开"连编选项"对话框，如图 10-2 所示。

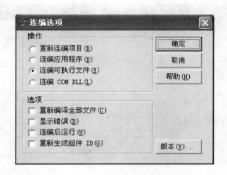

图 10-2　"连编选项"对话框

（2）连编选项说明。

①"操作"栏。

- 重新连编项目：用于编译项目中的所有文件，并生成.pjx和.pjt文件。
- 连编应用程序：用于连编项目并生成.app文件。.app文件必须在Visual FoxPro环境中运行。
- 连编可执行文件：用于连编项目并生成.exe文件。.exe文件可直接在Windows中运行（需要Visual FoxPro对应版本的运行支持库），也可以在开发环境中运行。
- 连编COM DLL：用于连编项目并生成以.dll为扩展名的动态连接库文件。

②"选项"栏。

- 重新编译全部文件：用于重新编译项目中所有文件，并对每一个源文件创建其对象文件。
- 显示错误：用于指定是否显示编译时遇到的错误。
- 连编后运行：用于指定连编生成应用程序后是否马上运行，在系统集成测试时可以使用该选项。
- 重新生成组件ID：用于指定是否重新生成项目组件的ID。

（3）连编应用程序。

本例要将项目连编成可执行文件，即生成.exe文件，选项如图10-2所示，再单击"确定"按钮，出现"另存为"对话框，按图10-3所示选定位置和文件名后单击"保存"即可生成所要的应用程序cjgl.exe。

在退出Visual FoxPro环境后，从资源管理器中找到cjgl.exe文件双击，即可执行。

（4）应用程序的运行。

① 运行.app应用程序。要首先进入Visual FoxPro环境，然后从"程序"菜单中选择"运行"，再从对话框里选定某个.app文件运行；也可以在命令窗口中输入命令"DO应用程序名.app"执行。

② 运行.exe应用程序。对于.exe应用程序，既可以像步骤①中.app文件那样运行，也可以直接在Windows环境中运行，如双击该.exe文件图标运行。

应用程序的创建

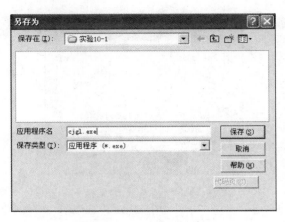

图 10-3　生成应用程序

5．系统的发布

（1）准备工作：将 E:\vfp 实验素材\实验 10-1 文件夹复制一份到 D 盘，并将其改名为实验 10-11,创建一个空的文件夹实验 10-12。

（2）打开 Visual FoxPro 系统,选择"工具"→"向导"→"安装"选项,打开如图 10-4 所示的对话框,在其中选定发布树目录 D:\ 实验 10-11 后,单击"下一步"按钮打开"指定组件"对话框。

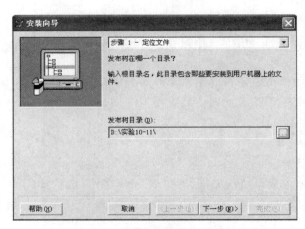

图 10-4　定位文件对话框

（3）在"指定组件"对话框中,按如图 10-5 所示设置应用程序组件选项后,单击"下一步"按钮,打开"磁盘映像"对话框。

（4）在"磁盘映像"对话框（如图 10-6 所示）中选定磁盘映像目录为 D:\ 实验 10-12,将"磁盘映像"中的 3 个选项全勾上后单击"下一步"按钮,打开"安装选项"对话框。

（5）在"安装选项"对话框（如图 10-7 所示）中的相应位置输入相关内容。要注意的是在"执行程序"框中要选定原来项目所在的文件夹中连编所得的可执行文件（如本例中的 cjgl.exe）。单击"下一步"按钮,打开"默认目标目录"对话框。

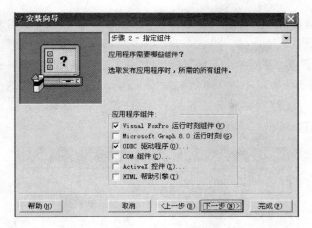

图 10-5 "指定组件"对话框

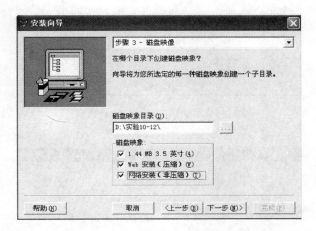

图 10-6 "磁盘映像"对话框

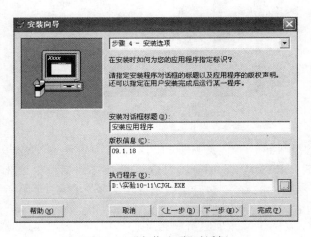

图 10-7 "安装选项"对话框

（6）在"默认目标目录"对话框（如图 10-8 所示）中选定默认目标目录为"D:\ 实验 10-12"，其他按默认设置。单击"下一步"按钮，打开"改变文件设置"对话框。在该对话框中一切按默认设置，单击"下一步"按钮，打开"完成"对话框（如图 10-9 所示），单击"完成"按钮，随即显示（如图 10-10 所示）的"安装向导进展"提示框，这个过程可能要持续一段时间，完成后会显示"安装向导磁盘统计信息"提示框（如图 10-11 所示），单击"完成"按钮，即结束本应用系统的发布操作。

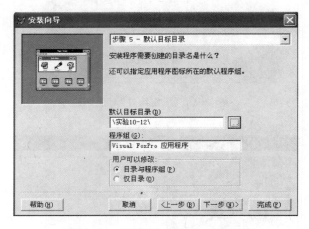

图 10-8　"默认目标目录"对话框

图 10-9　"完成"对话框

（7）使用资源管理器在 D:\ 实验 10-12 文件夹中可看到 3 个子文件夹 DISK144、WEBSETUP 和 NETSETUP。它们分别对应于图 10-6 对话框中的 3 个复选项。由于当前移动存储技术的发展，很少有人会使用软盘逐个复制 DISK144 中的子文件夹。大都是直接复制 NETSETUP 文件夹到另一台机器上，双击文件夹内的 SETUP. EXE 进行安装。

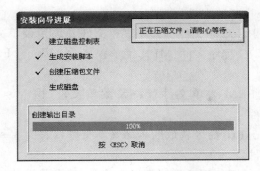

图 10-10 "安装向导进展"提示框

图 10-11 "安装向导磁盘统计信息"提示框

10.3 习题(含理论题与上机题)

1. 选择题

(1) 在开发一个应用系统时,首先要进行的工作是_____。

A. 系统的测试与调试   B. 编程

C. 系统规划与设计   D. 系统的优化

(2) 在应用系统中常用_____来提供用户的交互界面。

A. 项目、数据库和表   B. 表单、菜单和工具栏

C. 表、查询和视图   D. 表单、报表和标签

(3) 在一个项目中可以设置主程序的个数是_____个。

A. 1   B. 2   C. 3   D. 任意

(4) 下列哪一组中的所有类型均可被设置为项目的主程序_____。

A. 项目、数据库和 PRG 程序   B. 表单、菜单和 PRG 程序

C. 项目、表单和类   D. 任意文件类型

应用程序的创建

（5）可以用 DO 命令执行的文件类型有_____。

A. PJX 项目文件、PRG 程序文件、FRM 表单文件、MNX 菜单文件

B. PJX 项目文件、PRG 程序文件、MPR 菜单程序、由 Visual FoxPro 连编成的 APP 和 EXE 文件

C. PRG 程序文件、FRM 表单文件、MNX 菜单文件、由 Visual FoxPro 连编成的 APP 和 EXE 文件

D. 所有由 Visual FoxPro 命令构成的程序文本文件以及由 Visual FoxPro 连编成的 APP 和 EXE 文件

（6）下列_____文件不能用项目管理器来管理、整合及维护。

A. .mnx   B. .frm

C. .scx   D. .idx

（7）在项目管理器中，标识一个文件为"包含"的符号是_____。

A. ⊞   B. ⊟   C. ⊘   D. 没有符号

（8）项目是 Visual FoxPro 中各种文件组织的核心，在下列有关 Visual FoxPro 项目的叙述中，错误的是_____。

A. 项目的创建既可以用菜单或工具栏，也可以利用 Visual FoxPro 命令

B. 一个 Visual FoxPro 窗口只能打开一个项目

C. 在 Visual FoxPro 窗口中，项目管理器可以折叠成工具栏的形式

D. "连编"操作是针对项目而言的，该操作位于"项目"菜单栏

（9）在主程序中用来建立事件循环的命令是_____。

A. CLEAR EVENTS   B. READ EVENTS

C. DO WHILE. T.   C. FOR…ENDFOR

（10）在对项目进行连编时，有 4 个操作，若选择_____就会生成一个以.app 为扩展名的应用程序文件。

A. 重新连编项目   B. 连编应用程序

C. 连编可执行文件   D. 连编 COM DLL

2. 填空题

（1）开发一个应用系统，一般包括系统设计、编程实现、程序的测试和调试等几个阶段。其中系统设计包括_____的规划设计和应用系统所需的各种功能的规划设计。

（2）在应用系统的开发过程中，可以把重复应用的组件设计为_____。

（3）在项目管理器中连编一个应用程序时，如果项目中的某文件需要被用户修改，则在项目中该文件应被设置为_____，如果某文件不需要被用户修改，则在项目中该文件应被设置为_____。

（4）在设置了主程序后就可以对项目进行连编，若连编时选择"连编可执行文件"，则生成的可执行文件的扩展名为_____。

（5）主程序通常应完成的功能有：初始化环境、显示初始的用户界面、_____、恢复原来的开发环境等。

（6）在 Visual FoxPro 程序设计中,使用其基类就可以创建出可靠的面向对象的应用程序,但是若要创建具有个性的统一特色的界面,还需要由用户来定义表单或控件的_____,并且将它们添加到表单控件工具栏中备用。

（7）经过试运行满足设计功能和需求的 Visual FoxPro 应用程序一般应进行_____和发布,使之能在 Windows 环境中独立运行。

（8）Visual FoxPro 应用程序使用 CLEAR EVENTS 命令结束事件循环。实际应用中,人们常常使用主菜单中的一个菜单项或_____上的一个按钮执行 CLEAR EVENTS 命令。

（9）在 Visual FoxPro 应用程序框架的组成中,_____可以是一个程序、菜单或表单,是该应用系统的起点,是在应用系统执行时首先执行的程序。

（10）一般在 Visual FoxPro 项目中,使用_____为所有其他功能提供入口,并为整个应用程序的结束提供出口。

3. 操作题

（1）创建一个 Visual FoxPro 项目,其中数据库 XSCJK 包含 XS. DBF（学生表）、CJ. DBF（成绩表）、KC. DBF（课程表）、BJ. DBF（班级表）数据表。

（2）创建表单:欢迎界面、学生综合信息输入表单、学生成绩输入表单、学生综合查询表单、学生成绩查询表单、帮助表单、结束表单。

（3）创建菜单:主菜单包括数据管理（数据的输入和修改）、数据查询（按各种参数查询）、打印（打印多种查询和统计报表）、系统管理（系统备份、系统维护等）、帮助（各下拉菜单选项自定）。

（4）创建主文件 main. prg。

（5）连编该项目成为脱离 Visual FoxPro 环境的应用程序。

应用程序的创建

综合测试题一

笔试测试题（一）

1. 选择题（35题，每小题2分，70分）

下列各题 A、B、C、D 四个选项中，只有一个选项是正确的。

(1) Visual FoxPro 是一种_____。

A. 数据库系统　　　B. 数据库管理系统　　　C. 数据库　　　D. 数据库应用系统

(2) 在 Visual FoxPro 中，通常以窗口形式出现，用以创建和修改表、表单、数据库等应用程序组件的可视化工具称为_____。

A. 向导　　　　　B. 设计器　　　　　C. 生成器　　　D. 项目管理器

(3) 命令? VARTYPE(TIME())的结果是_____。

A. C　　　　　　B. D　　　　　　C. T　　　　　D. 出错

(4) 命令? LEN(SPACE(3)-SPACE(2))的结果是_____。

A. 1　　　　　　B. 2　　　　　　C. 3　　　　　D. 5

(5) 在 Visual FoxPro 中，菜单程序文件的默认扩展名是_____。

A. .mnx　　　　　B. .mnt　　　　　C. .mpr　　　　D. .prg

(6) 想要将日期型或日期时间型数据中的年份用 4 位数字显示，应当使用设置命令_____。

A. SET CENTURY ON　　　　　　　B. SET CENTURY OFF

C. SET CENTURY TO 4　　　　　　　D. SET CENTURY OF 4

(7) 在 Visual FoxPro 的数据库表中只能有一个_____。

A. 候选索引　　　B. 普通索引　　　C. 主索引　　　D. 唯一索引

(8) 已知表中有字符型字段职称和性别，要建立一个索引，要求首先按职称排序、职称相同时再按性别排序，正确的命令是_____。

A. INDEX ON 职称＋性别　TO ttt　　　B. INDEX ON 性别＋职称 TO ttt

C. INDEX ON 职称,性别　TO ttt　　　D. INDEX ON 性别,职称 TO ttt

(9) 命令 SELECT 0 的功能是_____。

A. 选择编号最小的未使用工作区　　　B. 选择 0 号工作区

C. 关闭当前工作区的表　　　　　　　D. 选择当前工作区

(10) 下面有关数据库表和自由表的叙述中，错误的是_____。

A. 数据库表和自由表都可以用表设计器来建立

B. 数据库表和自由表都支持表间联系和参照完整性

C. 自由表可以添加到数据库中成为数据库表

D. 数据库表可以从数据库中移出成为自由表

（11）有关 ZAP 命令的描述，正确的是_____。

A. ZAP 命令只能删除当前表的当前记录

B. ZAP 命令只能删除当前表的带有删除标记的记录

C. ZAP 命令能删除当前表的全部记录

D. ZAP 命令能删除表的结构和全部记录

（12）在 Visual FoxPro 中，假定数据库表 S（学号，姓名，性别，年龄）和 SC（学号，课程号，成绩）之间使用"学号"建立了表之间的永久关系，在参照完整性的更新规则、删除规则和插入规则中选择设置了"限制"，如果表 S 所有的记录在表 SC 中都有相关联的记录，则_____。

A. 允许修改表 S 中的学号字段值   B. 允许删除表 S 中的记录

C. 不允许修改表 S 中的学号字段值   D. 不允许在表 S 中增加新的记录

（13）在 Visual FoxPro 中，对于字段值为空值（NULL）叙述正确的是_____。

A. 空值等同于空字符串   B. 空值表示字段还没有确定值

C. 不支持字段值为空值   D. 空值等同于数值 0

（14）在 Visual FoxPro 中，下面关于索引的正确描述是_____。

A. 当数据库表建立索引以后，表中的记录的物理顺序将被改变

B. 索引的数据将与表的数据存储在一个物理文件中

C. 建立索引是创建一个索引文件，该文件包含有指向表记录的指针

D. 使用索引可以加快对表的更新操作

（15）在 Visual FoxPro 中，如果希望内存变量只能在本模块（过程）中使用，不能在上层或下层模块中使用，说明该种内存变量的命令是_____。

A. PRIVATE   B. LOCAL

C. PUBLIC   D. 不用说明，在程序中直接使用

（16）在视图设计器中有而在查询设计器中没有的选项卡是_____。

A. 排序依据   B. 更新条件   C. 分组依据   D. 杂项

（17）在使用查询设计器创建查询时，为了指定在查询结果中是否包含重复记录（对应于 DISTINCT），应该使用的选项卡是_____。

A. 排序依据   B. 联接   C. 筛选   D. 杂项

（18）在 Visual FoxPro 中，过程的返回语句是_____。

A. GOBACK   B. COMEBACK   C. RETURN   D. BACK

（19）在 Visual FoxPro 中，数据库表的字段或记录的有效性规则的设置可以在_____。

A. 项目管理器中进行   B. 数据库设计器中进行

C. 表设计器中进行   D. 表单设计器中进行

（20）在数据库表上的字段有效性规则是_____。

A. 逻辑表达式   B. 字符表达式

C. 数字表达式   D. 以上三种都有可能

（21）在 Visual FoxPro 中调用表单文件 mf1 的正确命令是_____。

A. DO mf1   B. DO FROM mf1

C. DO FORM mf1   D. RUN mf1

（22）假设在表单设计器环境下，表单中有一个文本框且已经被选定为当前对象。现在从属性窗口中选择 Value 属性，然后在设置框中输入：＝{^2008-9-10}－{^2008-8-20}。请问以上操作后，文本框 Value 属性值的数据类型为_____。

A. 日期型   B. 数值型   C. 字符型   D. 以上操作出错

（23）在 SQL SELECT 语句中为了将查询结果存储到临时表应该使用短语_____。

A. TO CURSOR   B. INTO CURSOR

C. INTO DBF   D. TO DBF

（24）在表单设计中，经常会用到一些特定的关键字、属性和事件。下列各项中属于属性的是_____。

A. This   B. ThisForm   C. Caption   D. Click

（25）下面程序计算一个整数的各位数字之和。在下划线处应填写的语句是_____。

```
SET  TALK  OFF
INPUT "x = " TO x
s = 0
DO WHILE x! = 0
    s = s + MOD(x,10)

    _____

ENDDO
?s
SET  TALK  ON
```

A. x＝int(x/10)   B. x＝int(x%10)

C. x＝x－int(x/10)   D. x＝x－int(x%10)

（26）在 SQL 的 ALTER TABLE 语句中，为了增加一个新的字段应该使用短语_____。

A. CREATE   B. APPEND   C. COLUMN   D. ADD

（27）在 SQL 语句中，与表达式"年龄 BETWEEN 12 AND 46"功能相同的表达式是_____。

A. 年龄＞＝12 OR＜＝46   B. 年龄＞＝12 AND＜＝46

C. 年龄＞＝12 OR 年龄＜＝46   D. 年龄＞＝12 AND 年龄＜＝46

（28）在 Visual FoxPro 中，如果希望跳出 SCAN … ENDSCAN 循环体、执行 ENDSCAN 后面的语句，应使用_____。

A. LOOP 语句   B. EXIT 语句

C. BREAK 语句   D. RETURN 语句

(29) 在 Visual FoxPro 中,在屏幕上预览报表的命令是_____。

A. RREVIEW REPORT   B. REPORT FORM…PREVIEW

C. DO REPORT…PREVIEW   D. RUN REPORT…PREVIEW

(30)～(35) 题使用如下数据表:

学生.DBF:学号(C,8),姓名(C,6),性别(C,2),出生日期(D)

选课.DBF:学号(C,8),课程号(C,3),成绩(N,5,1)

(30) 查询所有 1989 年 3 月 20 日以后(含)出生、性别为男的学生,正确的 SQL 语句是_____。

A. SELECT ＊ FROM 学生 WHERE 出生日期＞＝{^1989-03-20} AND 性别＝"男"

B. SELECT ＊ FROM 学生 WHERE 出生日期＜＝{^1989-03-20} AND 性别＝"男"

C. SELECT ＊ FROM 学生 WHERE 出生日期＞＝{^1989-03-20} OR 性别＝"男"

D. SELECT ＊ FROM 学生 WHERE 出生日期＜＝{^1989-03-20} OR 性别＝"男"

(31) 计算"刘明"同学选修的所有课程的平均成绩,正确的 SQL 语句是_____。

A. SELECT AVG(成绩) FROM 选课 WHERE 姓名＝"刘明"

B. SELECT AVG(成绩) FROM 学生,选课 WHERE 姓名＝"刘明"

C. SELECT AVG(成绩) FROM 学生,选课 WHERE 学生.姓名＝"刘明"

D. SELECT AVG(成绩) FROM 学生,选课 WHERE 学生.学号＝选课.学号
AND 姓名＝"刘明"

(32) 假定学号的第 3、4 位为专业代码。要计算各专业学生选修课程号为 101 课程的平均成绩,正确的 SQL 语句是_____。

A. SELECT 专业 AS SUBS(学号,3,2),平均分 AS AVG(成绩) FROM 选课
WHERE 课程号＝"101" GROUP BY 专业

B. SELECT SUBS(学号,3,2) AS 专业,AVG(成绩) AS 平均分 FROM 选课
WHERE 课程号＝"101" GROUP BY 1

C. SELECT SUBS(学号,3,2) AS 专业,AVG(成绩) AS 平均分 FROM 选课
WHERE 课程号＝"101" ORDER BY 专业

D. SELECT 专业 AS SUBS(学号,3,2),平均分 AS AVG(成绩) FROM 选课
WHERE 课程号＝"101" ORDER BY 1

(33) 查询选修课程号为 101 课程得分最高的同学,正确的 SQL 语句是_____。

A. SELECT 学生.学号,姓名 FROM 学生,选课 WHERE 学生.学号＝选课.学号
AND 课程号＝"101" AND 成绩＞＝ALL(SELECT 成绩 FROM 选课)

B. SELECT 学生.学号,姓名 FROM 学生,选课 WHERE 学生.学号＝选课.学号
AND 成绩＞＝ALL(SELECT 成绩 FROM 选课 WHERE 课程号＝"101")

C. SELECT 学生.学号,姓名 FROM 学生,选课 WHERE 学生.学号＝选课.学号
AND 成绩＞＝ANY(SELECT 成绩 FROM 选课 WHERE 课程号＝"101")

191

    D. SELECT 学生.学号,姓名 FROM 学生,选课 WHERE 学生.学号＝选课.学号 AND 课程号＝"101" AND 成绩＞＝ALL(SELECT 成绩 FROM 选课 WHERE 课程号＝"101")

  （34）插入一条记录到"选课"表中,学号、课程号和成绩分别是 02080111、103 和 80,正确的 SQL 语句是_____。

    A. INSERT INTO 选课 VALUES("02080111","103",80)

    B. INSERT VALUES("02080111","103",80)TO 选课(学号,课程号,成绩)

    C. INSERT VALUES("02080111","103",80)INTO 选课(学号,课程号,成绩)

    D. INSERT INTO 选课(学号,课程号,成绩) FORM VALUES("02080111","103",80)

  （35）将学号为 02080110、课程号为 102 的选课记录的成绩改为 92,正确的 SQL 语句是_____。

    A. UPDATE 选课 SET 成绩 WITH 92 WHERE 学号＝"02080110"AND 课程号＝"102"

    B. UPDATE 选课 SET 成绩＝92 WHERE 学号＝"02080110" AND 课程号＝"102"

    C. UPDATE FROM 选课 SET 成绩 WITH 92 WHERE 学号＝"02080110"AND 课程号＝"102"

    D. UPDATE FROM 选课 SET 成绩＝92 WHERE 学号＝"02080110" AND 课程号＝"102"

2. 填空题(15 空,每空 2 分,共 30 分)

  （1）在 Visual FoxPro 中,项目文件的扩展名是_____。

  （2）诊断和改正程序中错误的工作通常称为_____。

  （3）? AT("EN",RIGHT("STUDENT",4))的执行结果是_____。

  （4）"歌手"表中有"歌手号"、"姓名"和"最后得分"三个字段,"最后得分"越高名次越靠前,查询前 10 名歌手的 SQL 语句是_____。

SELECT * _____ FROM 歌手 ORDER BY 最后得分_____

  （5）建立表之间临时关系的命令是_____。

  （6）在 SQL 的 SELECT 查询中,HAVING 子句不可以单独使用,总是跟在_____子句之后一起使用。

  （7）在 Visual FoxPro 中修改表结构的非 SQL 命令是_____。

  （8）在 Visual FoxPro 中,在运行表单时最先引发的表单事件是_____事件。

  （9）在 Visual FoxPro 中,使用 LOCATE ALL 命令按条件对表中的记录进行查找,若查不到记录,函数 EOF()的返回值应是_____。

  （10）在 Visual FoxPro 表单中,当用户使用鼠标单击命令按钮时,会触发命令按钮的_____事件。

  （11）为使表单运行时在主窗口中居中显示,应设置表单的 AUTOCENTER 属性值为_____。

（12）在 SQL 中，插入、删除、更新命令依次是 INSERT、DELETE 和_____。

（13）要为表单设计下拉式菜单，首先需要在菜单设计时，在_____对话框中选择"顶层表单"复选框；其次要将表单的_____属性值设置为 2，使其成为顶层表单；最后需要在表单的_____事件代码中设置调用菜单程序的命令。

上机测试题（一）

上机准备：

① 下载"vfp 实验素材"到 E 盘并解压缩。

② 设置当前工作目录为 E：\vfp 实验素材\上机测试一。

1. 基本操作题（4 小题，第 1 和 2 题是 7 分，第 3 和 4 题是 8 分，共计 30 分）

（1）在"教学管理"项目中，新建一个名为"教学"的数据库。

（2）将"xs 表"、"js 表"、"kc 表"、"cj 表"四个自由表添加到新建的数据库"教学"中。

（3）通过"学号"字段为"xs 表"和"cj 表"建立永久关系。

（4）为上面建立的联系设置参照完整性约束：更新和删除规则为"级联"，插入规则为"限制"。

2. 简单应用（2 小题，每题 20 分，共计 40 分）

（1）用 SQL 语句对自由表"js 表"完成下列操作：

① 将职称为"教授"的教师"新工资"一项设置为"基本工资"的 120％，其他教师的"新工资"与"基本工资"相等；

② 插入一条新记录，该教师的信息：姓名"林红"，职称"讲师"，"基本工资"1800，"新工资"2000；

③ 将你所使用的 SQL 语句存储于新建的文本文件 teacher. txt 中（两条更新语句，一条插入语句，按顺序每条语句占一行）。

（2）使用查询设计器建立一个查询文件 STUDENT. qpr，查询要求：选修了"英语"并且成绩大于等于 70 的学生的"学号"和"姓名"，查询结果按"学号"升序存放于 STUDENT_YU. dbf 表中。（"英语"课程的"课程编号"为"001"）

3. 综合应用（1 小题，共计 30 分）

"教学"数据库中含有四个数据库表"xs 表"、"js 表"、"kc 表"和"cj 表"。

为了对"教学"数据库数据进行查询，设计一个表单 MYFORM1（控件名为 Form1，表单文件名为 MYFORM1）。表单标题为"成绩查询"；表单有"查询"（名称为 Command1）和"退出"（名称为 Command2）两个命令按钮。

运行表单时，单击"查询"按钮，查询每门课程的最高分，查询结果中含"课程名"和"最高分"字段，结果按"课程名"升序保存在表 SCORE_MAX 中。

单击"退出"按钮，关闭表单。

综合测试题二

笔试测试题（二）

1. 选择题（35 题，每题 2 分，共 70 分）

下列各题 A、B、C、D 四个选项中，只有一个选项是正确的。

（1）在 Visual FoxPro 的项目管理器中不包括的选项卡是_____。

A. 数据   B. 文档   C. 类   D. 表单

（2）在 Visual FoxPro 中，用于建立或修改过程文件的命令是_____。

A. MODIFY ＜文件名＞

B. MODIFY COMMAND ＜文件名＞

C. MODIFY PROCEDURE ＜文件名＞

D. 上面 B 和 C 都对

（3）在 SQL 查询时，使用 WHERE 子句指出的是_____。

A. 查询目标   B. 查询结果   C. 查询条件   D. 查询视图

（4）使用命令 DECLARE mm(2,3)定义的数组，包含的数组元素（下标变量）的个数为_____。

A. 2个   B. 3个   C. 5个   D. 6个

（5）扩展名为.scx 的文件是_____。

A. 备注文件   B. 项目文件   C. 表单文件   D. 菜单文件

（6）在 Visual FoxPro 中以下叙述正确的是_____。

A. 利用视图可以修改数据   B. 利用查询可以修改数据

C. 查询和视图具有相同的作用   D. 视图可以定义输出去向

（7）在 Visual FoxPro 中可以用 DO 命令执行的文件不包括_____。

A. PRG 文件   B. MPR 文件   C. FRX 文件   D. QPR 文件

（8）在 Visual FoxPro 中，宏替换可以从变量中替换出_____。

A. 字符串   B. 数值   C. 命令   D. 以上三种都可能

（9）可以链接或嵌入 OLE 对象的字段类型是_____。

A. 备注型字段   B. 通用型和备注型字段

C. 通用型字段   D. 任何类型的字段

（10）设有变量 sr＝"2008 年上半年全国计算机等级考试"，能够显示"2008 年上半年计算机等级考试"的命令是_____。

A. ? sr"全国"

B. ? SUBSTR(sr,1,8)+SUBSTR(sr,11,17)

C. ? STR(sr,1,12)+STR(sr,17,14)

D. ? SUBSTR(sr,1,12)+SUBSTR(sr,17,14)

(11) 可以伴随着表的打开而自动打开的索引是_____。

A. 单一索引文件(IDX)   B. 复合索引文件(CDX)

C. 结构化复合索引文件   D. 非结构化复合索引文件

(12) 要控制两个表中数据的完整性和一致性可以设置"参照完整性"规则,要求这两个表_____。

A. 是同一个数据库中的两个表   B. 不同数据库中的两个表

C. 两个自由表   D. 一个是数据库表,另一个是自由表

(13) 在 Visual FoxPro 中,可以对字段设置默认值的表_____。

A. 必须是数据库表   B. 必须是自由表

C. 自由表或数据库表   D. 不能设置字段的默认值

(14) 假设"职员"表已在当前工作区打开,其当前记录的"姓名"字段值为"张三"(字符型,宽度为 6),在命令窗口输入并执行如下命令:

姓名 = 姓名-"您好"

? 姓名

那么主窗口中将显示_____。

A. 张三   B. 张三 您好   C. 张三您好   D. 出错

(15) Visual FoxPro 的"参照完整性"中"插入规则"包括的选择是_____。

A. 级联和忽略   B. 级联和删除   C. 级联和限制   D. 限制和忽略

(16) 假设某个表单中有一个命令按钮 cmdClose,为了实现当用户单击此按钮时能够关闭该表单的功能,应在该按钮的 Click 事件中写入语句_____。

A. ThisForm. Close   B. ThisForm. Erase

C. ThisForm. Release   D. ThisForm. Return

(17) 在 SQL 的 SELECT 查询结果中,消除重复记录的方法是_____。

A. 通过指定主关系键   B. 通过指定唯一索引

C. 用 DISTINCT 子句   D. 使用 HAVING 子句

(18) 在 Visual FoxPro 的数据工作期窗口,使用 SET RELATION 命令可以建立两个表之间的关联,这种关联是_____。

A. 永久性关联   B. 永久性关联或临时性关联

C. 临时性关联   D. 永久性关联和临时性关联

(19) 下面关于属性、方法和事件的叙述中,错误的是_____。

A. 属性用于描述对象的状态,方法用于表示对象的行为

B. 基于同一个类产生的两个对象可以分别设置自己的属性值

C. 事件代码也可以像方法一样被显示调用

D. 在新建一个表单时,可以添加新的属性、方法和事件

195

(20) 有一学生表文件,且通过表设计器已经为该表建立了若干普通索引。其中一个索引的索引表达式为"姓名"字段,索引名为 XM。现假设学生表已经打开,且处于当前工作区中,那么可以将上述索引设置为当前索引的命令是_____。

A. SET INDEX TO 姓名   B. SET INDEX TO XM

C. SET ORDER TO 姓名   D. SET ORDER TO XM

(21) SQL 的数据操作语句不包括_____。

A. ALTER   B. UPDATE   C. DELETE   D. CHANGE

(22) 以下关于主索引和候选索引的叙述正确的是_____。

A. 主索引和候选索引都能保证表记录的唯一

B. 主索引和候选索引都可以建立在数据库表和自由表上

C. 主索引可以保证表记录的唯一性,而候选索引不能

D. 主索引和候选索引是相同的概念

(23) 假设表单上有一选项按钮组:有"男"和"女"两个选项,其中第一个选项按钮"男"被选中。请问该选项按钮组的 Value 属性值为_____。

A. .T.   B. "男"   C. 1   D. "男"或1

(24) 打开数据库的命令是_____。

A. USE   B. USE DATABASE

C. OPEN   D. OPEN DATABASE

(25) 为了从用户菜单返回到系统菜单应该使用命令_____。

A. SET DEFAULT SYSTEM   B. SET MENU TO DEFAULT

C. SET SYSTEM TO DEFAULT   D. SET SYSMENU TO DEFAULT

(26) 在表单中为表格控件指定数据源的属性是_____。

A. DataSource   B. RecordSource   C. DataFrom   D. RecordFrom

(27) 以下关于表单数据环境叙述错误的是_____。

A. 可以向表单数据环境设计器中添加表或视图

B. 可以从表单数据环境设计器中移出表或视图

C. 可以在表单数据环境设计器中设置表之间的关系

D. 不可以在表单数据环境设计器中设置表之间的关系

(28) 在创建快速报表时,基本带区包括_____。

A. 标题、细节和总结   B. 页标头、细节和页注脚

C. 组标头、细节和组注脚   D. 报表标题、细节和页注脚

(29) 在下面关于面向对象数据库的叙述中,错误的是_____。

A. 每个对象在系统中都有唯一的对象标识

B. 事件作用于对象,对象识别事件并作出相应反应

C. 一个子类能够继承其所有父类的属性和方法

D. 一个父类包括其所有子类的属性和方法

（30）以下所列各项属于命令按钮事件的是_____。

A. Parent   B. This   C. ThisForm   D. Click

（31）在当前表单的 LABEL1 控件中显示系统时间的语句是_____。

A. THISFORM. LABEL1. CAPTION＝TIME()

B. THISFORM. LABEL1. VALUE＝TIME()

C. THISFORM. LABEL1. TEXT＝TIME()

D. THISFORM. LABEL1. CONTROL＝TIME()

（32）如果在命令窗口执行命令：LIST 名称,主窗口中显示：

记录号	名称
1	电视机
2	计算机
3	电话线
4	电冰箱
5	电线

假定名称字段为字符型、宽度为 6,那么下面程序段的输出结果是_____。

```
GO 2
SCAN NEXT 4 FOR LEFT(名称,2)＝"电"
IF RIGHT(名称,2)＝"线"
EXIT
ENDIF
ENDSCAN
? 名称
```

A. 电话线   B. 电线   C. 电冰箱   D. 电视机

（33）要使"产品"表中所有产品的单价上浮 8％,正确的 SQL 命令是_____。

A. UPDATE 产品 SET 单价＝单价＋单价＊8％FOR ALL

B. UPDATE 产品 SET 单价＝单价＊1.08 FOR ALL

C. UPDATE 产品 SET 单价＝单价＋单价＊8％

D. UPDATE 产品 SET 单价＝单价＊1.08

（34）假设同一名称的产品有不同的型号和产地,则计算每种产品平均单价的 SQL 语句是_____。

A. SELECT 产品名称,AVG(单价) FROM 产品 GROUP BY 单价

B. SELECT 产品名称,AVG(单价) FROM 产品 ORDERBY 单价

C. SELECT 产品名称,AVG(单价) FROM 产品 ORDER BY 产品名称

D. SELECT 产品名称,AVG(单价) FROM 产品 GROUP BY 产品名称

197

（35）设有 S(学号,姓名,性别)和 SC(学号,课程号,成绩)两个表,如下 SQL 语句检索选修的每门课程的成绩都高于或等于 85 分的学生的学号、姓名和性别,正确的是_____。

A. SELECT 学号,姓名,性别 FROM S WHERE EXISTS

(SELECT * FROM SC WHERE SC.学号 = S.学号 AND 成绩< = 85)

B. SELECT 学号,姓名,性别 FROM S WHERE NOT EXISTS

(SELECT * FROM SC WHERE SC.学号 = S.学号 AND 成绩< = 85)

C. SELECT 学号,姓名,性别 FROM S WHERE EXISTS

(SELECT * FROM SC WHERE SC.学号 = S.学号 AND 成绩>85)

D. SELECT 学号,姓名,性别 FROM S WHERE NOT EXISTS

(SELECT * FROM SC WHERE SC.学号 = S.学号 AND 成绩<85)

2. 填空题(15 空,每空 2 分,共 30 分)

(1) 数据库系统的核心是_____。

(2) 下列命令执行后的结果是_____。

```
STORE - 100 TO X
SIGN(X) * SQRT(ABS(X))
```

(3) 清除主窗口屏幕的命令是_____。

(4) 在 Visual FoxPro 中,将只能在建立它的模块中使用的内存变量称为_____。

(5) 查询设计器的"排序依据"选项卡对应于 SQL SELECT 语句的_____短语。

(6) 在定义字段有效性规则时,在规则框中输入的表达式类型是_____。

(7) 要在"成绩"表中插入一条记录,应该使用的 SQL 语句是:_____成绩(学号,英语,数学,语文) VALUES("2001100111",91,78,86)。

(8) 在 Visual FoxPro 表单中,用来确定复选框是否被选中的属性是_____。

(9) 在 Visual FoxPro 中,可以使用_____语句跳出 SCAN…ENDSCAN 循环体外执行 ENDSCAN 后面的语句。

(10) 在 Visual FoxPro 中,如果要改变表单上表格对象中当前显示的列数,应设置表格的_____属性值。

(11) 在 Visual FoxPro 中,使用 SQL 的 SELECT 语句将查询结果存储在一个临时表中,应该使用_____子句。

(12) 在 SQL-SELECT 语句中进行分组查询时,可以使用_____子句来去掉不满足条件的分组。

(13) 报表标题要通过_____控件定义。

(14) 运行表单时,Load 事件是在 Init 事件之_____被引发。

(15) 如下程序显示的结果是_____。

```
S = 1
I = 0
DO WHILE I<8
```

```
S = S + I
I = I + 2
ENDDO
? S
```

上机测试题（二）

上机准备：

① 下载"vfp 实验素材"到 E 盘并解压缩。

② 设置当前工作目录为 E:\vfp 实验素材\上机测试二。

1. 基本操作题（4 小题，第 1 和 2 题是 7 分，第 3 和 4 题是 8 分，共计 30 分）

（1）在"教学管理"项目中，存在一个名为"教学"的数据库。将"js 表"从"教学"数据库中移出，使其成为自由表。

（2）为"xs 表"的"性别"字段定义有效性规则，规则表达式为：性别 $ "男女"，出错提示信息是："性别必须是男或女"。

（3）在"xs 表"中"出生日期"字段的后面插入一个"年龄"字段，数据类型为"整型"（修改表结构）。

（4）用 SQL 语句的 UPDATE 命令为"xs 表"填写"年龄"字段的值，并将该语句粘贴在 SQL.txt 文件中。提示：可根据 xs 表中"出生日期"字段值计算得出"年龄"字段的值。

2. 简单应用（2 小题，每题 20 分，共计 40 分）

（1）"教学"数据库中的数据库表"xs 表"存放了学生的一些基本信息，请使用菜单设计器制作一个名为 STMENU 的菜单，菜单包括"数据操作"和"文件"两个菜单栏。

每个菜单栏都包括一个子菜单。菜单结构如下：

数据操作
　---- 数据输出
文件
　---- 退出

其中"数据输出"子菜单对应的过程完成下列操作：打开"教学"数据库，使用 SQL 的 SELECT 语句查询数据库表"xs 表"中的所有信息，然后关闭数据库。

"退出"菜单项对应的命令为 SET SYSMENU TO DEFAULT，使之可以返回到系统菜单。

（2）用 SQL 语句完成下列操作：查询选课在 3 门以上（包括 3 门）的学生的"学号"、"姓名"、"平均分"和"选课门数"，按"平均分"降序排列，并将结果存放在表 STUDENT_XK 中。

3. 综合应用（1 小题，共计 30 分）

设计一个名为 MYFORM2 的表单（控件名为 Form1，文件名为 MYFORM2）。表单的标题为"学生学习情况统计"。表单中有一个选项按钮组控件（命名为 MyOption）和两个命令按钮"计算"（名称为 Command1）和"退出"（名称为 Command2）。其中，选项按钮组控件有两个按钮"升序"(名称为 Option1)和"降序"(Option2)。

运行表单时,首先在选项按钮组控件中选定"升序"或"降序",单击"计算"按钮后,按照成绩"升序"或"降序"(根据选项按钮组控件)将选修了"C 语言"学生的"学号"和"成绩"分别存入 STUDENT_SORT1. dbf 和 STUDENT_SORT2. dbf 文件中("C 语言"课程的"课程编号"为"003")。

单击"退出"按钮,关闭表单。

习题参考答案

第1章

1. 选择题

(1) A　(2) C　(3) B　(4) A　(5) B　(6) A　(7) D　(8) D　(9) A　(10) A

2. 填空题

(1) 收集、存储　(2) 记录、字段　(3) 不重复、共享、独立　(4) 属性、元组

(5) 二维表　(6) 关系型　(7) 域　(8) 主关键字　(9) 外部关键字　(10) 一对多

第2章

1. 选择题

(1) D　(2) D　(3) B　(4) A　(5) D　(6) C　(7) A　(8) B　(9) C　(10) A

(11) C　(12) A　(13) B　(14) D　(15) B

2. 填空题

(1) 标题栏、菜单栏

(2) 交互操作、程序执行

(3) ; 或分号

(4) 4、5

(5) Quit

(6) Ctrl+F4、Ctrl+F2

(7) 新建、添加、修改、运行、移去、连编

(8) Create Project

(9) .pjx、.pjt

(10) 文件

(11) .dbc、.dbf、.fpt

(12) 应用程序、结构复合索引、格式、标签

(13) 删除

(14) 数据

(15) 代码

(16) 表、连接

(17) 设置主文件

(18) 向导、设计器、生成器

第 3 章

1. 选择题

(1) A   (2) C   (3) C   (4) C   (5) D   (6) B   (7) B   (8) A   (9) C

(10) A   (11) A   (12) A   (13) C   (14) C   (15) C   (16) D   (17) B   (18) C

(19) A   (20) A   (21) D   (22) C   (23) B   (24) C   (25) C   (26) D   (27) A

(28) D   (29) B   (30) D   (31) B   (32) B   (33) D   (34) A   (35) A   (36) D

(37) C   (38) C   (39) B   (40) A   (41) C   (42) A   (43) D   (44) D   (45) C

2. 填空题

(1) 单引号、双引号、方括号

(2) 函数、算术运算、关系运算、逻辑运算

(3) NOT、AND、OR

(4) 加法、减法

(5) 7.75 或 7.7500

(6) 内存变量、字段变量

(7) 数值型、字符型、日期型、关系型、逻辑型

(8) LIST MEMORY 或 DISPLAY MEMORY

(9) 10、8

(10) 7

(11) 123456 或 "123456"

(12) −10.00 或 −10

(13) .T.

(14) 9925.00

(15) DIMENSION array(2,3) 或 DECLARE array(2,3)、SCATTER TO array

(16) 内存变量

(17) 270

(18) .F.

(19) "中石油"

(20) Note、*、&&

(21) 循环

(22) IF…ELSE…ENDIF、DO CASE…ENDCASE

(23) DO WHILE…ENDDO、FOR…ENDFOR、SCAN…ENDSCAN

(24) FOR…ENDFOR

(25) SCAN…ENDSCAN

(26) LOOP、EXIT

(27) 循环嵌套或多重循环

(28) 11

(29) 10   10   10   10

(30) N＊2－1

(31) good

(32) j＝i TO i＊i STEP i

(33) I＊(I＋1)、EXIT

(34) MOD(N,10)＊10,I＝I＋1

第 4 章

1. 选择题

(1) D   (2) C   (3) B   (4) A   (5) C   (6) B   (7) A   (8) D   (9) A   (10) A

(11) A   (12) C   (13) D   (14) B   (15) D   (16) C   (17) B   (18) A   (19) B

(20) C   (21) C   (22) C   (23) A   (24) C   (25) A   (26) A   (27) C   (28) B

(29) C   (30) A   (31) A   (32) D   (33) D   (34) D   (35) D   (36) C   (37) A

(38) B   (39) B   (40) B   (41) D   (42) A   (43) D   (44) B   (45) D

2. 填空题

(1) 数据库表、自由表

(2) 字段名、类型、宽度、小数位数

(3) 移出、添加

(4) RY. DBC、RY. DCT、RY. DCX

(5) CREATE TABLE CK (ZH C(15),CRRQ D,CQ N(2),JE Y)

(6) Ctrl＋Home 或 Ctrl＋PgDn 或 Ctrl＋PgUp

(7) APPEND BLANK 或 APPE BLAN 或 APPEN BLAN 或 APPEND BLAN

(8) 输入掩码

(9) 一个

(10) 更新记录

(11) 删除记录

(12) REPLACE 或 UPDATE

(13) SET、JS. JBGZ＋20、JS. GL＞＝20

(14) MODIFY STRUCTURE

(15) 规则

(16) ZAP

(17) YEAR(DATE())－YEAR(CSRQ)＞60

(18) 绝对、相对

(19) 主索引、候选索引、普通索引、唯一索引

(20) 多对多

(21) 删除

(22) .cdx 或.CDX、结构复合索引

203

（23）结构复合

（24）ALTER

（25）BJ＋DTOC(CSRQ)

（26）OLE

（27）数据库表、一致性、永久、级联、限制

（28）SET RELATION TO

（29）SELECT 0

3. 操作题

（1）合格否 with　.t.；合格否＝.t.

（2）李金金

（3）2 1 3 4 5

（4）金融系　1900.00　500；760；1001　王刚；1300.00；曾红

第 5 章

1. 选择题

（1）B　（2）B　（3）D　（4）D　（5）A　（6）D　（7）C　（8）B　（9）A　（10）B

2. 填空题

（1）结构化查询语言

（2）ALTER TABLE CJ ADD KCM C(10)

（3）DROP

（4）SUM(SPXX. LSJ ＊ XSQK. XSSL)、JOIN、xsqk. sph＝spxx. sph、｛＾2008/08/08｝、spxx. spmc、2 DESC

（5）FROM、ZC

（6）CJ、VALUES

（7）HAVING、GROUP BY

（8）SUM(IIF(XB＝"男",1,0))

（9）UPDATE

（10）TABLE JSXS. DBF

3. 操作题

（1）
```
SELECT Xs.xdh, Xs.xh, Xs.xm, SUM(CJ.CJ) AS 总分, AVG(CJ.CJ) AS 平均分;
    FROM   XS INNER JOIN  CJ ;
    ON   Xs.xh = Cj.xh;
    GROUP BY Cj.xh;
    ORDER BY Xs.xdh, 4 DESC;
    INTO TABLE B1.dbf
```

（2）
```
SELECT Xs.xh, Xs.xm, Xs.jg, Cj.kcdh, Cj.cj;
    FROM   Xs INNER JOIN  Cj ;
```

```
       ON   Xs.xh = Cj.xh;
       WHERE Xs.jg = "江苏" AND Cj.cj < 60;
       ORDER BY Xs.xh
```

(3)
```
SELECT Js.gh, Js.xm, Js.xdh, SUM(KC.KSS) AS RKKS;
FROM   Js INNER JOIN Rk;
INNER JOIN Kc;
ON   Rk.kcdh = Kc.kcdh ;
ON   Js.gh = Rk.gh;
GROUP BY Js.gh;
ORDER BY Js.xdh, Js.gh;
INTO TABLE B3.dbf
```

(4)
```
SELE "85 -- 100" AS 等级 ,COUNT( * ) AS 人数 FROM CJ;
WHERE CJ.CJ> = 85 UNION;
SELE "75 -- 84" AS 等级,COUNT( * ) AS 人数 FROM CJ;
WHERE CJ.CJ> = 75 AND CJ.CJ<85 UNION;
SELE "60 -- 74" AS 等级,COUNT( * ) AS 人数 FROM CJ;
WHERE CJ.CJ> = 60 AND CJ.CJ<75 UNION;
SELE "0 -- 59" AS 等级,COUNT( * ) AS 人数 FROM CJ;
WHERE CJ.CJ<60;
INTO TABLE B4.dbf
```

第 6 章

1. 选择题
(1) A (2) B (3) C (4) B (5) D (6) C (7) A (8) C (9) C (10) B

2. 填空题
(1) 基表

(2) 浏览

(3) SQL-SELECT、多

(4) 更新条件

(5) 完全联接

(6) .qpr、虚

(7) 数据库、USE

(8) 1 条

(9) 远程视图

(10) DO 查询文件名.qpr

3. 操作题
(1)
```
SELECT Cj.xh, Kc.kcdh, Kc.kcm;
FROM   kc INNER JOIN cj ;
ON   Kc.kcdh = Cj.kcdh;
```

205

习题参考答案

```
WHERE Cj.cj > = 60
```

创建的界面如下图所示。

(2) SELECT TOP 3　Xs.xh　AS 学号, SUM(cj.cj)　AS 总分, avg(cj.cj) as 平均分;

　　　FROM　xs INNER JOIN　cj ;

　　　ON　Xs.xh = Cj.xh;

　　　GROUP BY Xs.xh;

　　　ORDER BY 2 DESC, 3 DESC

(3) SELECT Xs.xdh, SUM(IIF(XB = "男",1,0)) as 男生人数,;

　　　SUM(IIF(XB = "女",1,0)) as 女生人数;

　　　FROM Xs;

　　　GROUP BY Xs.xdh;

　　　ORDER BY Xs.xdh

第 7 章

1. 选择题

(1) A　(2) D　(3) B　(4) D　(5) C　(6) D　(7) A　(8) D　(9) A　(10) D

(11) D　(12) C　(13) A　(14) B　(15) D　(16) B　(17) D　(18) C　(19) A

(20) C　(21) C　(22) B　(23) B　(24) D　(25) C　(26) B　(27) B　(28) C

(29) D　(30) D　(31) B　(32) D　(33) A　(34) C　(35) B　(36) A　(37) C

2. 填空题

(1) .scx、name

(2) 继承性、多态性、封装性、抽象性

(3) 运行

(4) 数据绑定

(5) ReadOnly

(6) WordWrap

(7) 浅蓝色

(8) 表格、复选框

(9) 备注

(10) 取消(\<X)

(11) AutoCenter

(12) 下拉组合框、下拉列表框

(13) Value

(14) 99

(15) Picture、0、2

(16) Visible

(17) ThisFormSet

(18) ShowWindow

(19) Value

(20) Interval、Timer

第 8 章

1. 选择题

(1) C　(2) B　(3) C　(4) B　(5) A　(6) C　(7) C　(8) B　(9) A　(10) A

2. 填空题

(1) . mnx、. mnt、. mpr

(2) Set Sysmenu Nosave、Set Sysmenu To Default

(3) 常规选项、ShowWindow、Init

(4) RightClick

(5) \—

(6) 子菜单

(7) 运行

(8) 系统主菜单

第 9 章

1. 选择题

(1) D　(2) D　(3) B　(4) C　(5) A　(6) D　(7) A　(8) C　(9) D　(10) C

2. 填空题

(1) 报表的数据源、报表的布局

(2) 命令

(3) 细节

(4) Report

(5) . frt

(6) 组标头、组注脚

第 10 章

1. 选择题

(1) C　(2) B　(3) A　(4) B　(5) D　(6) D　(7) D　(8) B　(9) B　(10) B

2. 填空题

(1) 数据库

(2) 类

(3) 排除、包含

(4) .exe

(5) 控制事件循环

(6) 子类

(7) 连编

(8) 表单

(9) 主程序

(10) 系统主菜单

综合测试题一

笔试测试题(一)

1. 选择题

(1) B　(2) B　(3) A　(4) D　(5) C　(6) A　(7) C　(8) A　(9) A　(10) B

(11) C　(12) C　(13) B　(14) C　(15) B　(16) B　(17) D　(18) C　(19) C

(20) A　(21) C　(22) B　(23) B　(24) C　(25) A　(26) D　(27) D　(28) B

(29) B　(30) A　(31) D　(32) B　(33) B　(34) A　(35) B

2. 填空题

(1) .pjx

(2) 程序调试

(3) 2

(4) Top 10、Desc

(5) Set Relation

(6) Group By

(7) Modify Structure

(8) Load

(9) .T.

(10) Click

(11) .T.

(12) Update

(13) 常规选项、ShowWindow、Init

综合测试题二

笔试测试题(二)

1. 选择题

(1) D　(2) B　(3) C　(4) D　(5) C　(6) A　(7) C　(8) A　(9) C　(10) D

(11) C　(12) A　(13) A　(14) A　(15) D　(16) C　(17) C　(18) C　(19) D

(20) D　(21) D　(22) A　(23) C　(24) D　(25) D　(26) B　(27) D　(28) B

(29) D　(30) D　(31) A　(32) A　(33) D　(34) D　(35) D

2. 填空题

(1) 数据库管理系统 或 DBMS

(2) −10.00

(3) Clear

(4) 局部变量

(5) Order By

(6) 逻辑型

(7) Insert Into

(8) Value

(9) Exit

(10) ColumnCount

(11) Into Cursor

(12) Having

(13) 标签

(14) 前

(15) 13

相关课程教材推荐

以上教材样书可以免费赠送给授课教师,如果需要,请发电子邮件与我们联系。

教学资源支持

敬爱的教师:

感谢您一直以来对清华版计算机教材的支持和爱护。为了配合本课程的教学需要,本教材配有配套的电子教案(素材),有需求的教师可以与我们联系,我们将向使用本教材进行教学的教师免费赠送电子教案(素材),希望有助于教学活动的开展。

相关信息请拨打电话 010-62776969 或发送电子邮件至 weijj@tup. tsinghua. edu. cn 咨询,也可以到清华大学出版社主页(http://www. tup. com. cn 或 http://www. tup. tsinghua. edu. cn)上查询和下载。

如果您在使用本教材的过程中遇到了什么问题,或者有相关教材出版计划,也请您发邮件或来信告诉我们,以便我们更好为您服务。

地址:北京市海淀区双清路学研大厦 A 座 708　　计算机与信息分社魏江江　收
邮编:100084　　　　　　　　　　　　电子邮件:weijj@tup. tsinghua. edu. cn
电话:010-62770175-4604　　　　　　　邮购电话:010-62786544